essentials

Essentials liefern aktuelles Wissen in konzentrierter Form. Die Essenz dessen, worauf es als „State-of-the-Art" in der gegenwärtigen Fachdiskussion oder in der Praxis ankommt. essentials informieren schnell, unkompliziert und verständlich.

- als Einführung in ein aktuelles Thema aus Ihrem Fachgebiet
- als Einstieg in ein für Sie noch unbekanntes Themenfeld
- als Einblick, um zum Thema mitreden zu können.

Die Bücher in elektronischer und gedruckter Form bringen das Expertenwissen von Springer-Fachautoren kompakt zur Darstellung. Sie sind besonders für die Nutzung als eBook auf Tablet-PCs, eBook-Readern und Smartphones geeignet.

Essentials: Wissensbausteine aus den Wirtschafts, Sozial- und Geisteswissenschaften, aus Technik und Naturwissenschaften sowie aus Medizin, Psychologie und Gesundheitsberufen. Von renommierten Autoren aller Springer-Verlagsmarken.

Hermann Sicius

Wasserstoff und Alkalimetalle: Elemente der ersten Hauptgruppe

Eine Reise durch das Periodensystem

Hermann Sicius
Dormagen
Deutschland

ISSN 2197-6708 ISSN 2197-6716 (electronic)
essentials
ISBN 978-3-658-12267-6 ISBN 978-3-658-12268-3 (eBook)
DOI 10.1007/978-3-658-12268-3

Die Deutsche Nationalbibliothek verzeichnet diese Publikation in der Deutschen Nationalbibliografie; detaillierte bibliografische Daten sind im Internet über http://dnb.d-nb.de abrufbar.

Springer Spektrum

Gedruckt auf säurefreiem und chlorfrei gebleichtem Papier

Springer Fachmedien Wiesbaden ist Teil der Fachverlagsgruppe Springer Science+Business Media (www.springer.com)

Dieses Buch ist gewidmet:
Susanne Petra Sicius-Hahn
Elisa Johanna Hahn
Fabian Philipp Hahn
Gisela Sicius-Abel

Was Sie in diesem Essential finden können

- Eine umfassende Beschreibung von Herstellung, Eigenschaften und Verbindungen der Elemente der ersten Hauptgruppe
- Aktuelle und zukünftige Anwendungen
- Ausführliche Charakterisierung der einzelnen Elemente

Inhaltsverzeichnis

1 Einleitung

Willkommen bei den Elementen der ersten Hauptgruppe (Alkalimetalle und Wasserstoff), die eine ziemliche Bandbreite der Eigenschaften der jeweiligen Elemente zeigt. Die Atome der Alkalimetalle geben ausschließlich ihr einziges Valenzelektron der äußersten Elektronenschale ab, um eine stabile Elektronenkonfiguration zu erreichen.

Wasserstoff wurde vor 250 Jahren, die Metalle Lithium, Natrium und Kalium vor 200 Jahren entdeckt. Rubidium und Cäsium folgten 50 Jahre später, und Francium, dessen Isotope alle extrem kurzlebig sind, wurde 1939 erstmals beschrieben. Obwohl diese Elemente in vielen wissenschaftlichen, medizinischen und auch allgemeinen Publikationen genannt werden, haben wir sicherlich auch hier eine sehr interessante Elementenfamilie vor uns. Sie finden sie alle im untenstehenden Periodensystem in der Gruppe H 1.

Elemente werden eingeteilt in Metalle (z. B. Natrium, Calcium, Eisen, Zink), Halbmetalle wie Arsen, Selen, Tellur sowie Nichtmetalle wie beispielsweise Sauerstoff, Chlor, Jod oder Neon. Die meisten Elemente können sich untereinander verbinden und bilden chemische Verbindungen; so wird z. B. aus Natrium und Chlor die chemische Verbindung Natriumchlorid, also Kochsalz).

Einschließlich der natürlich vorkommenden sowie der bis in die jüngste Zeit hinein künstlich erzeugten Elemente nimmt das aktuelle Periodensystem der Elemente (Abb. 1.1) bis zu 118 Elemente auf, von denen zur Zeit noch vier Positionen unbesetzt sind.

Die Einzeldarstellungen der insgesamt sechs Vertreter der Gruppe der Elemente der ersten Hauptgruppe enthalten dabei alle wichtigen Informationen über das jeweilige Element, so dass ich hier nur eine sehr kurze Einleitung vorangestellt habe.

H. Sicius, *Wasserstoff und Alkalimetalle: Elemente der ersten Hauptgruppe*,
essentials, DOI 10.1007/978-3-658-12268-3_1

H 1	H 2	N 3	N 4	N 5	N 6	N 7	N 8	N 9	N10	N 1	N 2	H 3	H 4	H 5	H 6	H 7	H 8
1 H																	2 He
3 Li	4 Be											5 *B*	6 C	7 N	8 O	9 F	10 Ne
11 Na	12 Mg											13 Al	*14 Si*	15 P	16 S	17 Cl	18 Ar
19 K	20 Ca	21 Sc	22 Ti	23 V	24 Cr	25 Mn	26 Fe	27 Co	28 Ni	29 Cu	30 Zn	31 Ga	*32 Ge*	*33 As*	*34 Se*	35 Br	36 Kr
37 Rb	38 Sr	39 Y	40 Zr	41 Nb	42 Mo	43 Tc	44 Ru	45 Rh	46 Pd	47 Ag	48 Cd	49 In	50 Sn	51 Sb	*52 Te*	53 I	54 Xe
55 Cs	56 Ba	57 La	72 Hf	73 Ta	74 W	75 Re	76 Os	77 Ir	78 Pt	79 Au	80 Hg	81 Tl	82 Pb	83 Bi	84 Po	*85 At*	86 Rn
87 Fr	88 Ra	89 Ac	104 Rf	105 Db	106 Sg	107 Bh	108 Hs	109 Mt	110 Ds	111 Rg	112 Cn	113 Uut	114 Fl	115 Uup	116 Lv	117 Uus	118 Uuo

Ln >	58 Ce	59 Pr	60 Nd	61 Pm	62 Sm	63 Eu	64 Gd	65 Tb	66 Dy	67 Ho	68 Er	69 Tm	70 Yb	71 Lu
An >	90 Th	91 Pa	92 U	93 Np	94 Pu	95 Am	96 Cm	97 Bk	98 Cf	99 Es	100 Fm	101 Md	102 No	103 Lr

Radioaktive Elemente *Halbmetalle*

H: Hauptgruppen N: Nebengruppen

Abb. 1.1 Periodensystem der Elemente

2 Vorkommen

Wasserstoff, Natrium und Kalium sind mit Abstand die häufigsten Elemente dieser Hauptgruppe mit Anteilen von 1.500 bis 27.000 ppm an der Erdhülle. Mit deutlichem Abstand folgen Lithium und Rubidium mit 30 bis 60 ppm, und Cäsium ist noch wesentlich seltener. Francium kommt nur in winzigsten Spuren in der Erdhülle vor.

H. Sicius, *Wasserstoff und Alkalimetalle: Elemente der ersten Hauptgruppe*,
essentials, DOI 10.1007/978-3-658-12268-3_2

3 Herstellung

Wasserstoff gewinnt man in riesigen Mengen durch Elektrolyse von Wasser. Die meisten Alkalimetalle sind entweder durch Schmelzflusselektrolyse ihrer Salze zugänglich, oder aber durch Reduktion ihrer Salze mit reaktiven Metallen wie Calcium oder Barium.

H. Sicius, *Wasserstoff und Alkalimetalle: Elemente der ersten Hauptgruppe*, essentials, DOI 10.1007/978-3-658-12268-3_3

4 Eigenschaften

4.1 Physikalische Eigenschaften

Die physikalischen Eigenschaften sind in dieser Gruppe mit nur wenigen Ausnahmen regelmäßig nach steigender Atommasse abgestuft, abgesehen von der Sonderrolle, die der gasförmige, hier in seinen Eigenschaften nicht näher beschriebene Wasserstoff spielt. So nehmen vom Lithium zum Cäsium Dichte und Reaktivität zu, Schmelz- und Siedepunkte sowie Elektronegativitäten nehmen dagegen ab.

Auch in dieser Hauptgruppe weicht das Kopfelement (hier: Lithium) in seinen Eigenschaften merklich von denen seiner höheren Homologen ab und leitet zum Magnesium über. Natrium zeigt schon die typischen Eigenschaften der Alkalimetalle, aber erst Kalium kann man dieses Attribut vollkommen zusprechen.

4.2 Chemische Eigenschaften

Die Alkalimetalle sind alle äußerst reaktionsfähige Elemente, die meist sehr heftig mit Nichtmetallen reagieren. Ebenso erfolgt heftige bis explosionsartige Reaktion mit Wasser und Mineralsäuren. In ihren Verbindungen sind sie fast durchweg immer der elektropositivere Partner. Die Oxide reagieren alle stark bis sehr stark basisch.

H. Sicius, *Wasserstoff und Alkalimetalle: Elemente der ersten Hauptgruppe*, essentials, DOI 10.1007/978-3-658-12268-3_4

Einzeldarstellungen

5

Im folgenden Teil sind die Elemente der Alkalimetalle (1. Hauptgruppe) jeweils einzeln mit ihren wichtigen Eigenschaften, Herstellungsverfahren und Anwendungen beschrieben.

5.1 Wasserstoff

Symbol	H	
Ordnungszahl	1	
CAS-Nr.	1333-74-0	
Aussehen	Farbloses Gas	
Entdecker, Jahr	Cavendish (England), 1766	
Wichtige Isotope [natürliches Vorkommen (%)]	Halbwertszeit (a)	Zerfallsart, -produkt
$^{1}_{1}H$ (99, 9885)	Stabil	–
$^{2}_{1}H$ (D) (0, 0115)	Stabil	–
$^{3}_{1}H$ (T) (10^{-15})	12,33	$\beta^{-} > ^{3}_{2}He$
Massenanteil in der Erdhülle (ppm)		1500
Atommasse (u)		1,008
Elektronegativität (Pauling ♦ Allred&Rochow ♦ Mulliken)		2,2 ♦ K. A. ♦ K. A.
Atomradius (pm)		25
Van der Waals-Radius (berechnet, pm)		120
Kovalenter Radius (pm)		31
Elektronenkonfiguration		$1\,s^1$
Ionisierungsenergie (kJ/mol), erste		1312

H. Sicius, *Wasserstoff und Alkalimetalle: Elemente der ersten Hauptgruppe*,
essentials, DOI 10.1007/978-3-658-12268-3_5

Magnetische Volumensuszeptibilität	$2{,}2 \cdot 10^{-9}$
Magnetismus	Diamagnetisch
Kristallsystem	Hexagonal (<259,2 °C)
Elektrische Leitfähigkeit ([A/V • m)], bei 300 K)	Keine Angabe
Elastizitäts- ♦ Kompressions- ♦ Schermodul (GPa)	Keine Angabe
Vickers-Härte ♦ Brinell-Härte (MPa)	Keine Angabe
Mohs-Härte	Keine Angabe
Schallgeschwindigkeit (m/s, bei 298,15 K)	1270
Dichte (kg/m^3, bei 273,15 K)	0,0899
Molares Volumen (m^3/mol, im festen Zustand):	$11{,}42 \cdot 10^{-6}$
Wärmeleitfähigkeit [W/(m • K)]	0,1805
Spezifische Wärme [J/(mol • K)]	28,836
Schmelzpunkt (°C ♦ K)	−259,14 ♦ 14,01
Schmelzwärme (kJ/mol)	0,558
Siedepunkt (°C ♦ K)	−252 ♦ 21,15
Verdampfungswärme (kJ/mol)	0,9

Vorkommen

Im Weltall Wasserstoff ist in der Sonne und den Gasplaneten unseres Sonnensystems, Jupiter, Saturn, Uranus und Neptun, das häufigste chemische Element; auf Wasserstoff entfallen 75 % der Gesamtmasse bzw. 93 % aller im Sonnensystem vorhandenen Atome.

Im Zuge der Entstehung des Universums bildeten sich, beeinflusst von Schwerkraft und regional ungleichmäßiger Verteilung der Protonen, riesige Wolken aus Wasserstoffgas, aus denen später die Protosterne gebildet wurden. Da deren Masse zunächst immer weiter stieg, begannen in ihrem Inneren Kernverschmelzungsprozesse, bei denen Wasserstoffkerne zu solchen des Heliums fusionierten, und die „heutigen" Sterne –und auch die Sonne – entstanden. Zum allergrößten Teil bestehen die Sterne aus Wasserstoff-Plasma. Die Kernfusionsprozesse sind die Energiequelle der Sterne.

Auch die oben genannten großen Gasplaneten bestehen meist aus Wasserstoff; daneben noch aus gefrorenem Ammoniak, Methan, Kohlendioxid und anderen Bestandteilen. Im Inneren des Jupiters und Saturns herrschen extrem hohe Drücke, unter denen Wasserstoff wahrscheinlich in metallischer Form vorkommt. Dies kann die Ausbildung der Magnetfelder erklären, die auch diese Planeten ausbilden.

Auch in interstellaren Gaswolken ist Wasserstoff meist in molekularer und nichtionisierter Form enthalten. Aus diesen Gebiete entstammt elektronische Strahlung einer Frequenz von ca. 1420 MHz (21-cm- oder H-I-Linie), die auf Übergängen des Gesamtspins des Wasserstoffatoms beruht und für die Auffindung von Wasserstoff im Weltall sehr bedeutsam ist.

Daneben gibt es ionisierte Gaswolken, die atomaren Wasserstoff enthalten (H-II-Gebiete) und große Mengen ionisierender Strahlung aussenden, die gelegentlich sichtbar ist, so dass sie mit optischen Hilfsmitteln beobachtet werden können.

Auf der Erde Hier ist der Anteil, den Wasserstoff an der gesamten Erdmasse hält, wesentlich kleiner und beträgt 0,12 % der gesamten Masse der Erde bzw. 2,9 % der Erdkruste. Im Gegensatz zu den Verhältnissen im Universum liegt Wasserstoff auf der Erde fast nur chemisch gebundener Form vor, beispielsweise im Wasser der Meere und Seen (Wasser, H_2O) oder in allen organischen Verbindungen, die generell primär Verbindungen von Kohlen- und Wasserstoff sind, also in der ganzen lebenden Materie oder auch in Erdöl oder Erdgas. Mehr als der Hälfte aller aktuell bekannten Minerale enthalten Wasserstoff.

Die oben erwähnten Massenanteile sind aber nur wegen des niedrigen Atomgewichtes des Wasserstoffs (oder Protons) so gering, denn Wasser bedeckt fast 70 % der Erdoberfläche mit einem gesamten Volumen von 1,386 Mrd. km^3. Das Salzwasser in den Ozeanen macht hiervon 96,5 % aus; nur 3,5 % (ca. 46 Mio. km^3) entfallen auf Süßwasser. Letzteres befindet sich mehrheitlich in gefrorener Form in den Polar- und Permafrostgebieten, nur ein kleiner Teil befindet sich in Seen oder Flüssen.

In der Atmosphäre liegt Wasserstoff fast nur chemisch gebunden in Form von Wasserdampf vor, dessen Anteil bis zu 4 Volumenprozent darinbeträgt und als relative Luftfeuchtigkeit gemessen wird. Diese entspricht dem Verhältnis des anteiligem Wasserdampfdrucks zum temperaturabhängigen Sättigungsdampfdruck.

Gewinnung

Molekularer Wasserstoff Dieser ist zwar einfach im Labor durch Auflösung unedler Metalle in Säuren herzustellen, jedoch sind diese Methoden für eine großtechnische Produktion unwirtschaftlich. Eines von zwei gängigen Verfahren ist die *Dampfreformierung*, bei der Kohlenwasserstoffe und Wasser bei hoher Temperatur und hohem Druck umgesetzt werden. Reaktionsprodukt ist das sogenannte Synthesegas, ein Gemisch aus Kohlenmonoxid und Wasserstoff, deren Mengenverhältnis durch unterschiedliche Syntheseführung beeinflusst werden kann. Dieses Verfahren wendet man dann an, wenn der produzierte Wasserstoff in Hochdrucksynthesen gehen soll.

Die zweite in der Industrie angewandte Methode ist die *partielle Oxidation*, bei der man Erdgas teilweise mit Sauerstoff umsetzt; dabei bilden sich unter anderem Wasserstoff und Kohlenmonoxid.

Ein schon lange etabliertes, immer noch effizientes, aber nicht mehr oft angewandtes Verfahren zur Herstellung von Wasserstoff ist die *Elektrolyse* von Wasser. Durch Einsatz elektrischer Energie und nach Zugabe kleiner Mengen an katalytisch wirksamer Säure wird Wasser in Wasser- und Sauerstoff gespalten:

$$2\,H_2O \rightarrow H_2 + O_2$$

Im Mol- und Volumenverhältnis von 2:1 entwickelt sich so an der Kathode Wasserstoff- und an der Anode Sauerstoffgas. Zur Gewinnung schweren Wassers, das sich im nicht durch die Elektrolyse verbrauchten Wasser anreichert, ist dieses Verfahren aber noch wichtig.

Ein modernes Verfahren mit hohem Wirkungsgrad ist das in den 1980er Jahren entwickelte *Kværner*-Verfahren, bei dem Kohlenwasserstoffe in einem Plasmabrenner bei Temperaturen von etwa 1600 °C in reinen Kohlenstoff (Aktivkohle) und Wasserstoff aufgespalten werden. Vorteilhaft gegenüber allen anderen Verfahren ist, dass reiner Kohlenstoff an Stelle von Kohlendioxid entsteht. Da die Reaktionsprodukte und auch der mit entstehende Heißdampf viel Energie enthalten, resultiert ein thermodynamischer Wirkungsgrad von 98 % (!).

Als natürliche und umweltfreundliche Quelle für Wasserstoff testete man *Grünalgen*, die unter bestimmten Bedingungen, unter anderem der intensiven Einwirkung von Sonnenlicht, Wasserstoff aus Wasser zu erzeugen imstande sind. Die Algen sind aber schwer in großen Mengen zu kultivieren, was das Verfahren wirtschaftlich uninteressant macht.

Neuere Arbeiten des Rostocker Leibniz Institutes (Hoer 2011) befassten sich mit *rutheniumhaltigen Katalysatoren*, die in der Lage sind, Wasserstoffgas aus Alkohol unter ansonsten milden Reaktionsbedingungen mit relativ hoher Ausbeute zu gewinnen.

Die jährliche, weltweit erzeugte Menge an Wasserstoff liegt bei 30 Mio. t.

Atomarer Wasserstoff Atomaren Wasserstoff kann man aus dem üblicherweise vorliegenden molekularen Wasserstoff durch Erhitzen auf extrem hohe Temperaturen (mehrere 1000 °C), elektrische Entladungen von Starkstrom bei niedrigem Druck, Bestrahlung mit UV-Licht oder intensiver Mikrowellenstrahlung oder aber durch Beschuss mit Elektronen einer Energie von 10–20 eVerzeugen. Da molekularer Wasserstoff viel energieärmer als atomarer ist, reagiert letzterer sehr leicht und schnell wieder zu molekularem. Das Gleichgewicht der stark endothermen, nachstehenden Reaktion liegt stark auf der linken Seite (Hartmann-Schreier 2004):

$$H_2 \leftrightarrow 2\,H \quad \Delta H_R^\circ = 435\ \text{kj/mol}$$

Werden größere Mengen atomaren Wasserstoffs benötigt, so wendet man die Verfahren nach Wood oder Langmuir an. Beim *Wood-Verfahren* setzt man molekularen Wasserstoff unter stark verringertem Druck (<2 mbar) elektrischen Entladungen einer Spannung von ca. 4000 V aus, die zwischen zwei Aluminiumelektroden stattfinden. Obwohl sich schnell wieder molekularer Wasserstoff rückbildet, genügen Bruchteile von Sekunden, um den atomaren Wasserstoff abzusaugen und über die mit dem hochreaktiven atomaren Wasserstoff umzusetzenden Stoffe zu leiten.

Die Methode nach *Langmuir* nutzt die bei der Rekombination bei der Wasserstoffatome freiwerdende Energie, die so groß ist, dass man so auch hochschmelzende Metalle schweißen kann. Temperaturen von bis zu 4000 °C werden auf diese Weise erreicht. Ein Strahl schnell strömenden, molekularen Wasserstoffs wird durch einen zwischen zwei Wolframelektroden produzierten elektrischen Lichtbogen geleitet, wodurch der molekulare in atomaren Wasserstoff umgewandelt wird. Leitet man diesen Strahl heißen atomaren Wasserstoffs auf hochschmelzende Stoffe wie Wolfram oder Tantal, werden diese an der Auftreffstelle geschmolzen. Vorteilhaft ist zudem, dass die Metalloberfläche durch die reduzierend wirkende Umgebung (Wasserstoff) vor dem Zutritt von Luftsauerstoff geschützt ist.

Eigenschaften

Physikalische Eigenschaften Wasserstoff hat die geringste Dichte aller Elemente. Das normale, aus H_2-Molekülen bestehende Wasserstoffgas ist fast 15mal leichter als Luft. Sein Kondensations-/Siedepunkt liegt bei −252 °C, der Erstarrungspunkt des flüssigen Wasserstoffs bei −259 °C. In Wasser und anderen Flüssigkeiten ist er relativ schlecht löslich, in einigen Metallen dafür wesentlich besser.

Da sein Atom bzw. Molekül im Vergleich zu denen anderer Gase sehr klein ist, erzielt Wasserstoff bei Raumtemperatur Höchstwerte für sein Diffusionsvermögen, seine Wärmeleitfähigkeit und seine Entweichgeschwindigkeit bei gleichzeitig geringster Viskosität. So diffundiert Wasserstoff selbst durch Polyethylen und glühendes Quarzglas, ebenfalls sehr schnell diffundiert er in Eisen und einigen anderen Metallen, was mit der sogenannten Wasserstoffversprödung einhergeht. Die sehr hohen Durchdringungsraten, verbunden noch dazu mit einer beträchtlichen Löslichkeit des Gases in manchen Feststoffen, bringen Vor- und Nachteile mit sich, letztere vor allem bei Transport und Lagerung.

Wasserstoff sendet ein aus zahlreichen Spektrallinien zusammengesetztes Licht aus, jedoch ist dieses im sichtbaren Wellenlängenbereich schon mehr oder weniger kontinuierlich. Im Magnetfeld verhält er sich sehr schwach diamagnetisch $\left(\chi_m = -2{,}2 \cdot 10^{-9}\right)$ und ist darüber hinaus ein elektrischer Isolator.

Wasserstoff kondensiert bei einer Temperatur von −252 °C zu einer klaren, farblosen Flüssigkeit, die nach weiterem Abkühlen bei −259,2 °C zu einem Kristallisat mit hexagonal-dichtester Packung erstarrt. Einen suprafluüssigen Zustand bildet flüssiger Wasserstoff nicht aus. Sein Tripelpunkt liegt bei einer Temperatur von −259,35 °C und einem Druck von 7,042 kPa, der kritische Punkt bei −239,97 °C und 13,0 bar (Mallard und Linstrom 2011).

„Metallischer", weil elektrisch leitender Wasserstoff konnte vor 15 Jahren für Bruchteile von Sekunden mit Hilfe einer Gaskanone erzeugt werden (Nellis 2000).

Atom- und kernphysikalische Eigenschaften Das gewöhnliche Wasserstoffatom ($^{1}_{1}H$) enthält ein einfach positiv geladenes Proton im Kern und ein negativ geladenes Elektron in der Atomhülle. Bei den schwereren Isotopen $^{2}_{1}H$ (D, Deuterium, „schwerer" Wasserstoff) und $^{3}_{1}H$ (T, Tritium, „superschwerer Wasserstoff") enthält der Atomkern noch ein bzw. zwei Neutronen mehr.

Das Elektron kann, dem auf der Annahme flacher Elektronenbahnen beruhenden Bohr'schen Atommodell zur Folge, auf andere, hinsichtlich ihres Abstandes zum Kern definierte Bahnen springen, wenn ihm die nötige Energie hierfür zugeführt wird (beispielsweise in elektrischen Gasentladungen). Wenn das Elektron dann aus diesem angeregten Zustand zurück springt, wird Licht einer exakt bestimmten („gequantelten") Wellenlänge abgegeben, die genau der Energiedifferenz zwischen beiden energetischen Zuständen entspricht. Dieses Modell erklärt auch die Spektrallinien des H-Atoms, die mit 656, 486, 434 und 410 nm im Wellenlängenbereich des sichtbaren Lichtes liegen (Balmer-Serie). Weitere Bestandteile des abgestrahlten Lichtspektrums befinden sich im ultravioletten Bereich (Lyman-Serie: 122, 103, 97 und 95 nm Wellenlänge). Auf der anderen Seite des Spektrums, im Infraroten, existieren Spektrallinien (Paschen-Serie: 1,9; 1,3; 1,1 und 1 µm) und die Brackett-Serie (4,1; 2,6; 2, und 1,9 µm), wobei für alle Serien nur die ersten vier Linien angegeben sind.

Weil es nicht alle Phänomene beschreiben konnte, wurde das Bohr-Modell dann zu einem solchen Modell weiter entwickelt, das den Elektronen räumlich ausgedehnte Atomorbitale zuweist.

Beim Wasserstoffatom ist die quantenmechanische Betrachtung noch am einfachsten, da hier lediglich ein Proton und ein Elektron vorliegen.

Unter Standardbedingungen ist Wasserstoff (H_2) ein Gemisch zweier Moleküle, deren Kernspins unterschiedlich ausgerichtet sind [ortho- (o) und para- (p) Wasserstoff]. Im etwas energiereicheren o-Zustand ($\Delta H°_R = +0{,}08$ kJ/mol) haben die Kernspins die gleiche (parallele) Richtung, wogegen der p-Zustand Kernspins entgegengesetzter (antiparalleler) Ausrichtung zeigt. Beide Molekülzustände stehen temperaturabhängig miteinander im Gleichgewicht und unterscheiden sich hinsichtlich ihrer physikalischen Eigenschaften leicht (Schmelz- und Siedepunkte sowie spezifische Wärme). Bei der Temperatur des absoluten Nullpunkts liegt ausschließlich p-Wasserstoff vor, unter Standardbedingungen (25 °C, Normaldruck) besteht ein Gleichgewicht zwischen 25 % p- und 75 % o-Form, was auch dem größtmöglichen Anteil der o-Form entspricht. Wird Wasserstoff verflüssigt, so muss die beim Übergang von der o- zur energieärmeren p-Form freiwerdende Energie berücksichtigt werden, die sonst einen Teil des kondensierten Wasserstoffs direkt wieder verdampfen ließe. Dies erreicht man durch Überleiten des noch gasförmigen Wasserstoffs über geeignete Katalysatoren, die noch im Gaszustand das Gleichgewicht hin zur p-Form verschieben.

Chemische Eigenschaften Das Wasserstoffatom kann ein entweder ein Valenzelektron abgeben oder aufnehmen, um eine stabile Elektronenkonfiguration zu erreichen. Im ersten Fall besitzt er dann gar kein Elektron mehr, im letzteren die Konfiguration des Edelgases Helium. Er kann daher mit den Oxidationszahlen +1 und −1 auftreten. In Verbindungen mit Nichtmetallen mit Ausnahme von Bor ist er der elektropositivere Partner (Oxidationszahl: +1) in den dann vorliegenden, kovalenten – nicht ionischen! – Bindungen, wogegen er in den mit reaktiven Metallen gebildeten, salzartigen und somit ionischen Hydriden der elektronegativere (Oxidationszahl: −1) ist.

Wasserstoff ist ziemlich reaktionsfähig und reagiert bei Zündung mit Sauerstoff zu Wasser und den Halogenen – außer Iod – zu den entsprechenden Halogenwasserstoffen, in der Wärme auch mit den meisten anderen Nichtmetallen und Metallen. (Wasserstoff setzt sich auch mit gefrorenem Fluor bei einer Temperatur von −200 °C fast explosionsartig um!)

$$H_2 + X_2 \rightarrow 2\,HX\,(X{=}\text{Halogen}) \qquad 2\,H_2 + O_2 \rightarrow 2\,H_2O$$

Weitere Erscheinungsformen und Besonderheiten von Wasserstoff Direkt nach seiner Erzeugung bei einer chemischen Reaktion existiert Wasserstoff für Bruchteile von Sekunden im *statu nascendi*, dem atomaren Zustand, bevor sich zwei H-Atome zu einem H_2-Molekül verbinden. Dieser Wasserstoff ist wesentlich reaktiver als der gewöhnliche molekulare und kann z. B. violette Lösungen von

Kaliumpermanganat ($KMnO_4$) zu hellrosa gefärbten Mn^{2+}-Ionen oder gelbe Lösungen von Natriumdichromat ($Na_2Cr_2O_7$) zu grünen Cr^{3+}-Ionen reduzieren. Dies kann geprüft werden, indem die sauer gestellten, oben genannten Lösungen mit Zinkpulver versetzt werden, das mit der Säure reagiert. Das Zink löst sich in der Säure unter Entwicklung von Wasserstoff auf, der sehr kurzzeitig „in statu nascendi" vorliegt. „Normaler", molekularer, aus der Gasflasche entnommener Wasserstoff zeigt diese Wirkung nicht.

Die Dissoziationsenthalpie der Reaktion $H_2 \rightarrow 2\ H$ liegt mit +436,2 kJ/mol sehr hoch.

Die so genannte *Wasserstoffbrückenbindung* ist eine elektrostatische Anziehungskraft zwischen zwei Molekülen. Von diesen enthält mindestens eines Wasserstoffatome, die eine stark positive Ladungsdichte tragen, und eines, das Atome stark elektronegativer Elemente wie Sauerstoff, Stickstoff oder Fluor trägt. Zwischen dem Wasserstoffatom und dem mit mehr oder weniger stark negativer Ladungsverteilung versehenen elektronegativen Atom tritt eine Anziehungskraft auf, die Wasserstoffbrückenbindung genannt wird. Zwar ist diese energetisch schwächer als „echte" chemische Bindungen und auch schnell wechselnd, ist aber wegen ihrer Konstanz für sehr viele Eigenschaften bestimmter Moleküle verantwortlich. Alleine Waser, Ammoniak und Fluorwasserstoff hätten längst nicht die im Vergleich zu ihren Homologen hohen Siedepunkte, gäbe es in ihren Molekülen keine derartigen Bindungen (Jeffrey 1997).

Weitere Isotope des Wasserstoffs Es gibt drei natürlich vorkommende Isotope des Wasserstoffs, die sich -wegen der insgesamt sehr geringen Atommasse- auch merklich in ihren Eigenschaften und denen ihrer Verbindungen unterscheiden. Dies sind Wasserstoff („*Protium*") selbst (^1_1H), *Deuterium* (^2_1H oder D) und *Tritium* (^3_1H oder T). Es gibt darüber hinaus noch künstlich erzeugte, extrem kurzlebige Isotope (^4_1H, ^5_1H, ^6_1H, ^7_1H), die aber hier nicht weiter betrachtet werden (Dumé 2003).

Protium stellt mit einer relativen Häufigkeit von 99,98 % im natürlich vorkommenden Wasserstoff den mit Abstand größten Anteil und ist nicht radioaktiv. Sein Atomkern enthält nur ein einziges Proton und keine Neutronen.

Das Isotop ^2_1H (D, Deuterium) weist neben dem Proton ein Neutron im Kern auf und steht für 0,015 % aller natürlich vorkommenden Atome des Wasserstoffs. Deuteriumhaltige Verbindungen sind als Lösungsmittel für die ^1H-NMR Spektroskopie gebräuchlich, da sie zwar, bezogen auf ihre Protiumanaloga, sehr ähnliche Eigenschaften zeigen, aber keine störenden Resonanzsignale liefern. Deuterium ist ebenfalls nicht radioaktiv, also stabil.

Tritium (^3_1H, T) ist das dritte, in extrem geringen Mengen (geschätzt weltweit: ca. 3 kg) natürlich vorkommende Isotop des Wasserstoffs. Tritium ist radioaktiv und erleidet mit einer sehr kurzen Halbwertszeit von 12,32 a einen β^-Zerfall zum Heliumisotop ^3_2He. Es entsteht selbst durch in der oberen Erdatmosphäre ablaufende Kernreaktionen (Lal und Peters 1967).

Ein die Kriterien für ein Wasserstoffatom erfüllendes „Ersatzatom" ist das in Teilchenbeschleunigern hergestellte *Muonium*, das aus einem Elektron in seiner Hülle sowie aus einem positiv geladenen Antimyon im Kern besteht. Das Antimyon hat jedoch nur etwa ein Zehntel der Masse eines Protons. Versuche mit Myonen beschreibt z. B. Jungmann (2004).

Verbindungen Wasserstoff verbindet sich mit den meisten Nichtmetallen bzw. Metallen, in den dann entstehenden Verbindungen nimmt er oft formal die Oxidationszahl −1 bzw. +1 ein, trägt also positive bzw. negative Ladungsanteile. Dies hängst davon ab, ob der jeweilige Bindungspartner eine höhere (alle Nichtmetalle außer Bor) oder eine niedrigere Elektronegativität (alle anderen Elemente mit Ausnahme der Edelgase) als Wasserstoff (2, 2) aufweist.

Fast alle *Nichtmetall-Wasserstoff-Verbindungen* habe ich ausführlich in meinen Büchern über die Elemente der 4., 5., 6. und 7. Hauptgruppe beschrieben (Sicius 2015) und gehe hier nicht weiter auf diese ein.

In Verbindung mit den meist elektropositiveren Metallen nimmt das Wasserstoffatom in der Regel ein Elektron auf, so dass negativ geladene Hydridionen (H^-) entstehen. Die von den Alkali- und Erdalkalimetallen (außer Beryllium) sowie von Europium (EuH_2) und Ytterbium (YbH_2) gebildeten *Hydride* haben salzartigen Charakter. Oft sind diese Verbindungen an der Luft entzündlich und reagieren sehr heftig mit Wasser unter Bildung molekularen Wasserstoffs und des jeweiligen Metallhydroxids.

Des Weiteren gibt es *Einlagerungen* von Wasserstoffatomen in oktaedrische und tetraedrische Lücken von *Metallatomgittern*, wobei die Absorptionsfähigkeit des Metalls für Wasserstoff bei Temperaturen um 500 °C bis zu 10 % betragen kann. Das größte Speichervermögen für Wasserstoff besitzen die Metalle der fünften Nebengruppe (Vanadium, Niob, Tantal).

Anwendungen Wasserstoff geht in sehr viele Einsatzgebiete. Sehr wichtig ist die Anwendung als *Raketentreibstoff* oder – mit zunehmender Tendenz – als Treibstoff für *Verbrennungsmotoren* bzw. *Brennstoffzellen*. Das Oxidationsprodukt (Wasser) ist umweltfreundlich, jedoch muss zuvor Energie aufgewandt werden, um Wasserstoff zu gewinnen (Schindler et al. 2009)

Ammoniak wird aus Stickstoff und Wasserstoff mittels des *Haber-Bosch-Verfahrens* produziert. Ammoniak wiederum dient zur Herstellung von Düngern und Sprengstoffen.

Wasserstoff besitzt die Zulassung als *Lebensmittelzusatzstoff* (E 949) und dient als Treib- und Packgas (Bundesministerium der Justiz und für Verbraucherschutz 2012).

Die *Kohlehydrierung* ist noch nicht wirtschaftlich, aber potenziell dann interessant, wenn die Lagerstätten des natürlichen fossilen Brennstoffs Erdöl erschöpft sind. Kohle wird unter bestimmten Bedingungen mit Wasserstoffgas zu synthetisch hergestellten, flüssige Kohlenwasserstoffen umgesetzt, aus denen wiederum Benzin, Diesel- und Heizöl herstellbar sind.

Aus Pflanzen gewonnene Öle und Fette hydriert man zu Zwecken der Haltbarmachung und Schmelzpunkterhöhung (*Fetthärtung*), wobei die in den Molekülen der Fettsäuren enthaltenen C=C-Doppelbindungen gesättigt und in Einfachbindungen umgewandelt werden. Margarine wird so erzeugt.

Wasserstoff findet oft als *Reduktionsmittel* Einsatz, wobei er Metalloxide bei hohen Temperaturen in die jeweiligen Metalle überführen kann. Dieses Verfahren ist zwar teurer und meist auch nur im kleinen Maßstab durchführbar, es liefert aber das Metall in seiner reinsten Form.

Vor der Katastrophe des Luftschiffes Hindenburg 1937 war Wasserstoff verbreitet als *Füllgas* für Ballons und Luftschiffe im Einsatz. Wegen der sehr strengen Sicherheitsbestimmungen ist es mittlerweile meist durch das unbrennbare Helium ersetzt worden.

Wasserstoffgas besitzt eine hohe Wärmekapazität, weshalb es in Kraftwerken als *Kühlmittel* eingesetzt wird. Zugute kommt dabei, dass Wasserstoff ebenso eine hohe Wärmeleitfähigkeit aufweist, so kann über einen Strom von Wasserstoffgas Wärmeenergie effizient abtransportiert werden. Entsprechend wird flüssiger Wasserstoff oft als *Kältemittel* eingesetzt.

Spezifische Anwendungen haben dagegen Deuterium und Tritium bzw. deren Verbindungen:

Deuterium dient in Form des „schweren Wassers“ (D_2O) in Kernreaktoren als Moderator, da es die bei Kernspaltungen freigesetzten schnellen Neutronen abbremst. In der Kernresonanzspektroskopie (meist ^{1}H-NMR) setzt man deuterierte Lösungsmittel deshalb ein, da sie keine im beobachteten Resonanzbereich erscheinenden Spektrallinien erzeugen. Deuterium- und Tritiumverbindungen verhalten sich zwar weitgehend ähnlich zu denen des „normalen Wasserstoffs“ (Protiums), zeigen aber von diesen geringfügig abweichende physikalische Eigenschaften. So schmelzen bzw. sieden:

- Wasser (H_2O, Dichte 0,997 g/cm^3 bei 20 °C) bei 0 °C bzw. 100 °C,
- „schweres Wasser“ (D_2O, Dichte 1,104 g/cm^3 bei 20 °C) bei 3,8 °C bzw. 101,4 °C, und
- „superschweres Wasser“ (T_2O, Dichte 1,214 g/cm^3 bei 20 °C) bei 4,5 °C bzw. 101,5 °C.

Tritium verwendet man als radioaktiven Marker für Tumorzellen, oder aber Tritiumatome als Geschoss in Kernbeschleunigern. Die so genannte Tritiummethode nutzt die kurze Halbwertszeit des radioaktiven Zerfalls des Tritiums zur Altersbestimmung von Flüssigkeiten wie Wein aus. Nennenswert ist noch der Einsatz als Energiequelle für Leuchtfarben.

Bisher ist die Speicherkapazität von Wasserstoff, der die höchste Energiedichte aller Treibstoffe besitzt, in Tanks noch begrenzt. Ein 200 kg-Tank speichert als Hydrid oder in Nanoröhren gerade einmal 2 kg gasförmigen Wasserstoff, dessen Brennwert einer Menge von 8 L Benzin entspricht. Dagegen existieren Drucktanks mit einem zulässigen Innendruck bis zu 800 bar, die auch den Sicherheitsanforderungen der Fahrzeughersteller genügen und das TÜV-Siegel tragen (Eichlseder und Klell 2010).

5.2 Lithium

Symbol	Li		
Ordnungszahl	3		
CAS-Nr.	7439-93-2		
Aussehen	Silbrigweiß glänzend	Lithium, Stücke (Dennis S K)	Lithium, Stücke (Sicius, 2015)
Entdecker, Jahr	Arfvedson (Schweden), 1817 Brande und Davy (England), 1818		
Wichtige Isotope [natürliches Vorkommen (%)]	Halbwertszeit (a)	Zerfallsart, -produkt	
$^{6}_{3}$Li (7, 4)	Stabil	–	
$^{7}_{3}$Li (92, 6)	Stabil	–	
Massenanteil in der Erdhülle (ppm)		60	
Atommasse (u)		6,94	
Elektronegativität (Pauling ♦ Allred&Rochow ♦ Mulliken)		0,98 ♦ K. A. ♦ K. A.	
Normalpotential: $Li^{+}+e^{-}>Li$ (V)		−3,04	
Atomradius (pm)		145	
Van der Waals-Radius (pm)		182	
Kovalenter Radius (pm)		128	
Ionenradius (Li^{+}, pm)		60	
Elektronenkonfiguration		[He] 2 s^1	
Ionisierungsenergie (kJ/mol), erste		520	

Magnetische Volumensuszeptibilität	$1{,}4 \cdot 10^{-5}$
Magnetismus	Paramagnetisch
Kristallsystem	Kubisch-raumzentriert
Elektrische Leitfähigkeit([A/(V • m)], bei 300 K)	$1{,}06 \cdot 10^{7}$
Elastizitäts- ♦ Kompressions- ♦ Schermodul (GPa)	4,9 ♦ 11 ♦ 4,2
Vickers-Härte ♦ Brinell-Härte (MPa)	Keine Angabe ♦ 5
Mohs-Härte	0,6
Schallgeschwindigkeit (longitudinal, m/s, bei 298,15 K)	3930
Dichte (g/cm^3, bei 273,15 K)	0,534
Molares Volumen (m^3/mol, im festen Zustand)	$13{,}02 \cdot 10^{-6}$
Wärmeleitfähigkeit [W/(m • K)]	85
Spezifische Wärme [J/(mol • K)]	24,860
Schmelzpunkt (°C ♦ K)	180,54 ♦ 453,69
Schmelzwärme (kJ/mol)	3
Siedepunkt (°C ♦ K)	1330 ♦ 1603
Verdampfungswärme (kJ/mol)	136

Vorkommen Lithium ist am Aufbau der Erdkruste mit 60 ppm (0,006 %) beteiligt (Breuer 2000) und ist damit immerhin häufiger als Kobalt, Zinn oder Blei, jedoch beträgt seine Häufigkeit nur etwa ein Fünfzigstel derjenigen seiner höheren Homologen Natrium und Kalium. Seine Gewinnung wird aber durch eine stärkere Verteilung und damit geringere Ergiebigkeit der Lagerstätten seiner Salze schwierig (Trechow 2011). Man schätzt die Menge des insgesamt auf der Erde vorhandenen Lithiums auf knapp 40 Mio. t und die Reserven auf 13,5 Mio. t. 33.000 t wurden 2014 weltweit verbraucht (Jaskula 2015). Andere Schätzungen gingen 2010 von 19,3 bis 55 Mio. t aus (Mohr et al. 2012).

Die primären und eher kleinen Lagerstätten spielen für den Abbau des Lithiums nur eine kleine Rolle, weil die Gewinnung aus Mineralien zwar theoretisch möglich, aber mit hohem Aufwand verbunden ist. Sollte die aktuell hohe Nachfrage allerdings bestehen bleiben, wird sich diese Situation wahrscheinlich ändern. Das Element kommt in einigen Mineralien vor, wie beispielsweise Amblygonit ($LiAlPO_4F$), Lepidolith [$K(Li)Al_3[Si_4O_{10}](F, OH)_2$], Petalit (Kastor; $LiAl(Si_4O_{10})$) und Spodumen (Triphan; $LiAlSi_2O_6$). Seltener findet man Kryolithionit [$Li_3Na_3(AlF_6)_2$], Triphylin [$Li(Fe^{I,} Mn^{II})PO_4$] und Zinnwaldit [$K(Li)(Fe, Al)_3(Al, Si)_4O_{10}](F, OH)_2$).

Momentan werden diese Primärlagerstätten in Westaustralien, Kanada, Russland, den USA und auch in Deutschland (Erzgebirge) ausgebeutet, ab 2016 soll in Kärnten (Österreich) mit dem Abbau des wohl größten Vorkommen Europas begonnen werden (ORF.at 2014).

In einer Reihe von meist auf dem amerikanischen Kontinent liegenden Salzseen sind sehr hohe Konzentrationen (bis 1 %) an Lithiumsalzen gefunden worden, jedoch sind diese Vorkommen oft mit Magnesiumsalzen verunreinigt. Abgebaut und gereinigt werden Lithiumverbindungen aus diesen Vorkommen gegenwärtig in Chile (Salar de Atacama, Trechow 2011), Argentinien (Salar de Hombre Muerto), den Vereinigten Staaten von Amerika (Silver Peak, Nevada) und China (Zhabuye Lake, Tibet; Taijinaier Lake, Qinghai) gewonnen. Potenziell sehr interessant, aber noch nicht genutzt ist der bolivianische Salar de Uyuni, der alleine eine Menge von mehr als 5 Mio. t (!) Lithium enthalten soll (Jaskula 2015), und andere Salzseen im Iran, in Afghanistan und möglicherweise unterirdische Salzstöcke in Zentralkanada. Nebenprodukte der Lithiumgewinnung sind meist Kaliumcarbonat, Borax, Cäsium- und Rubidiumverbindungen.

Da Lithium als Bestandteil von Hochleistungsbatterien für Elektrofahrzeuge immer wichtiger wird, ist in jedem Falle mit einer Intensivierung der Förderung und Produktion von Lithiumverbindungen zu rechnen.

Pflanzen enthalten in der Regel Konzentrationen von 0,5 bis 3 ppm an Lithium. In ähnlicher Größenordnung liegt die Konzentration in Süßwässern, wogegen sie in den Meeren mit ca. 180 ppb wesentlich höher liegt. Es kommt in Spuren in Fleisch, Fisch und anderen tierischen Produkten vor, ebenso in Mineralwässern. Es ist kein essenzielles Element.

Im Weltall existieren nur in Braunen Zwergen größere Mengen des Elements, weswegen man das stellare Vorhandensein von Lithiumisotopen auch als Nachweis für Braune Zwerge verwendet. Sterne, die keine Planeten besitzen, weisen einen höheren Gehalt an Lithium auf als solche mit Planeten. Dies führt man auf die Gravitationskraft der Planeten zurück, die, auch wenn sie weit entfernt vom Zentralgestirn sind und eine relativ geringe Masse haben, doch stark genug sind, um für eine „Durchmischung" der im Stern enthaltenen Nuklide zu sorgen. Dadurch gelangen, so die These, die Lithiumisotope in heißere Bereiche des Sterns, in denen sie einer Kernverschmelzung unterliegen und somit verbraucht werden (Israelian et al. 2009).

Gewinnung Lithiumcarbonat ist im Gegensatz zu den Carbonaten seiner höheren Homologen, Natrium- oder Kaliumcarbonat, relativ schwer löslich in Wasser. Daher lässt man das Wasser der lithiumhaltigen Salzlösungen verdunsten, bis eine Lithiumkonzentration von 0,5 % überschritten wird. Dann gibt man eine wässrige Lösung von Natriumcarbonat zu, worauf Lithiumcarbonat aus der Lösung ausfällt.

Vor einigen Jahren (2008) erzeugte man ca. 27.500 t Lithium außerhalb der USA, fast die Hälfte davon entfiel auf die in der chilenischen Atacama-Wüste gelegenen Minen am Salar de Atacama und etwa 7000 t auf die australische Greenbushes-Mine.

Das nach der Zugabe von Natriumcarbonat ausgefallene Lithiumcarbonat setzt man zwecks Reinigung zunächst mit Salzsäure um, wobei wieder Lithiumchlorid entsteht:

$$Li_2CO_3 + 2\,HCl \rightarrow 2\,LiCl + H_2O + CO_2$$

Das zunächst noch gelöste Lithiumchlorid wird aus der Lösung durch Abdampfen des Wassers im Vakuumverdampfer gewonnen, bis es auskristallisiert. Die Salzlauge ist sehr korrosiv, daher müssen die Metallteile der Apparaturen aus Edelstahl oder Nickel gefertigt sein.

Metallisches Lithium gewinnt man schließlich durch Schmelzflusselektrolyse eines bei einer Temperatur von 352 °C schmelzenden Gemisches aus 52 Gew.-% Lithiumchlorid und 48 Gew.-% Kaliumchlorid. Kalium wird bei der Elektrolyse nicht abgeschieden, da es in der Chloridschmelze ein niedrigeres Elektrodenpotential hat, dagegen sind geringste Mengen an Natrium immer im so erzeugten Lithium vorhanden. An der Oberfläche der Schmelze sammelt sich das kathodisch abgeschiedene Lithium in flüssiger Form und kann abgeschöpft werden. Im Labor ist die Gewinnung von Lithium ebenfalls möglich, dazu elektrolysiert man eine Lösung von Lithiumchlorid in Pyridin.

Eigenschaften

Physikalische Eigenschaften Lithium ist mit einer Dichte von 0,534 g/cm³ das Metall mit der niedrigsten Dichte unter Standardbedingungen. Was alle Elemente in ihrem festen Zustand anbetrifft, wird es hierin nur noch von festem Wasserstoff (bei einer Temperatur von −260 °C) übertroffen, der unter diesen Bedingungen eine Dichte von 0,0763 g/cm³ besitzt.

Das Kristallgitter des Lithiums ist wie bei seinen höheren Homologen, den anderen Alkalimetallen, eine kubisch-raumzentrierte Kugelpackung, die sich bei −195 °C in eine hexagonale Struktur (Magnesium-Typ) umwandelt. Einwirkung mechanischer Kraft kann auch die Umwandlung in ein kubisch-flächenzentriertes Gitter bewirken. Es ist noch nicht bekannt, weshalb die Strukturen unter den jeweils angewandten Bedingungen gebildet werden.

Auch wenn die Alkalimetalle – mit Ausnahme von Quecksilber und vielleicht noch Cadmium – die niedrigsten Schmelz- und Siedepunkte aufweisen, so weist Lithium innerhalb dieser Gruppe noch die höchsten Werte auf (Schmelzpunkt: 181 °C, Siedepunkt: 1330 °C). Ebenso hat Lithium von allen Alkalimetallen die größte Härte (Mohs-Härte: 0,6). (Dieses Phänomen, die signifikante Abweichung der Eigenschaften des Kopfelementes einer Hauptgruppe, hier insbesondere die der Härte, zeigen in den benachbarten Gruppen der Erdalkalimetalle bzw. der Borgruppe auch das Beryllium bzw. Bor. Mit Hinsicht auf bestimmte physikalische Eigenschaften gilt diese Sonderrolle des Kopfelementes für alle Hauptgruppen, man vergleiche nur Stickstoff mit Phosphor und Arsen, Sauerstoff mit Schwefel und Selen oder auch Fluor mit Chlor oder Brom.)

Darüber hinaus zeigt Lithium noch die größte spezifische Wärmekapazität der Alkalimetalle und ist ein relativ guter elektrischer und Wärmeleiter. Das Li^+-Ion hat mit −520 kJ/mol die höchste Hydratationsenthalpie aller Alkalimetallionen. So klein das unhydratisierte Ion ist, in der hydratisierten Form ist es größer als ein hydratisiertes Cs^+-Kation. In der Gasphase liegen etwa 1 % aller Lithiumatome in Form von Li_2-Molekülen (Dilithium) vor (Winter 1994).

Chemische Eigenschaften Lithium kommt wegen seiner hohen Reaktionsfähigkeit in der Natur nicht elementar vor. Lässt man Stücke des Metalls bei Raumtemperatur an vollkommen trockener Luft liegen, ist es einigermaßen stabil, auch wenn es sich bald mit einer schwarzen Schicht von Lithiumnitrid überzieht. In feuchter Luft erscheint auf der Oberfläche schnell eine nicht passivierende Schicht aus Lithiumhydroxid. Berührt man die Lithiumstücke mit der Hand, reicht bereits die auf der Haut vorhandene Feuchtigkeit zur Bildung des ätzend wirkenden Lithiumhydroxids aus, das der Haut wegen der bei der Umsetzung von Lithium mit Feuchtigkeit freigesetzten großen Wärmemengen schwere Verätzungen und Verbrennungen zufügt.

Lithium reagiert schnell und heftig mit sehr vielen Elementen und Verbindungen (wie Wasser) unter Abgabe teils hoher Wärmeenergien. Verglichen mit anderen Alkalimetallen ist es aber noch das reaktionsträgste. Selbst an trockener Luft reagiert es aber schnell mit molekularem Stickstoff zu Lithiumnitrid (Li_3N).

Lithium besitzt mit −3,04 V (Binnewies 2006) für die Reaktion $M^+ + e^- \rightarrow M$ das niedrigste Normalpotential aller Elemente des Periodensystems. Es muss in verschlossenen, mit Petroleum gefüllten Flaschen (es schwimmt wegen seiner geringen Dichte selbst auf Petroleum auf!) oder aber unter Argon aufbewahrt werden.

Lithium als Kopfelement der ersten Hauptgruppe leitet in seinen Eigenschaften zum zweiten Element der zweiten Hauptgruppe, dem Magnesium, über. (Diese so genannte Schrägbeziehung findet man auch zwischen Beryllium und Aluminium und auch zwischen Bor und Silicium.) Die Ionenradien von Li^+- und Mg^{2+}-Ionen haben ähnliche Größe; ihre Verbindungen zeigen daher eine gewisse Verwandtschaft, auch wenn natürlich die Oxidationszahlen unterschiedlich sind. So bildet Lithium im Gegensatz zu seinen höheren Homologen Natrium und Kalium Organometallverbindungen, so wie es auch bei Magnesium der Fall ist.

Verbindungen Lithium tritt in seinen Verbindungen stets in der Oxidationsstufe + 1 auf. Diese sind zwar ionisch aufgebaut, besitzen aber doch einen gewissen kovalenten Anteil. Dies kommt beispielsweise in der Existenz von Organolithiumverbindungen zum Ausdruck und in der Tatsache, dass eine Reihe von Lithiumsalzen – im Gegensatz zu den jeweiligen Natrium- oder Kaliumsalzen – gut in polar protischen bzw. dipolar-aprotischen organischen Lösungsmitteln (z. B. Methanol, Ethanol bzw. Aceton) löslich sind.

Verbindungen mit Wasserstoff *Lithiumhydrid (LiH)* synthetisiert man durch Erhitzen von Lithium im Wasserstoffstrom bei Temperaturen um 650 °C. Man setzt es als Raketentreibstoff und als sehr schnell verfügbare Quelle von Wasserstoff, zum Beispiel zum Aufpumpen von Rettungswesten, ein. Komplexe, höhere Hydride sind die in der organischen Chemie verbreiteten Reduktionsmittel *Lithiumborhydrid* ($LiBH_4$) oder *Lithiumaluminiumhydrid* ($LiAlH_4$).

Verbindungen mit Halogenen Lithium bildet mit den Halogeniden Salze der Form LiX (*Lithiumfluorid, -chlorid, -bromid und -iodid*). *Lithiumfluorid (LiF)* wird durch Umsetzung von Lithiumhydroxid und Flusssäure hergestellt und ist ein weißer Feststoff, der bei 845 °C schmilzt (Kojima et al. 1968). Es findet einkristallin in der Infrarotspektroskopie als Prismenmaterial Verwendung (Roake 1957), ebenso in Detektoren für ionisierende Strahlung. Jener lässt im Wellenlängenbereich von 140–6000 nm fast zwei Drittel der Lichtstrahlung hindurch.

Das wasseranziehende (hygroskopische) *Lithiumchlorid (LiCl)* schmilzt bzw. siedet bei Temperaturen von 615 °C bzw. 1360 °C. Man verwendet es zur Gewinnung von Lithiummetall und als Trockenmittel im Labor. Wegen seiner wasserentziehenden Wirkung sind seine Anwendungen zahlreich: In Taupunktsensoren und Enteisungslösungen findet es sich ebenso wie in der petrochemischen Industrie. Man leitet Erdgas vor dem Einleiten in die Pipeline durch mit Lithiumchlorid gefüllte Kammern, um es zu entwässern bzw. entfeuchten; ebenso findet es für den gleichen Zweck Einsatz in Klimaanlagen. Ferner nutzt man es als schmelzpunktsenkenden Zusatz in Schweißbädern als auch als Material zum Ummanteln von Elektroden, mit denen Aluminium geschweißt wird. Schließlich wird es vorteilhaft eingesetzt zur Herstellung von Cellulosefasern (Oppermann und Hermanutz 1998).

Das ebenfalls stark hygroskopische, im trockenen Zustand bei 550 °C schmelzende *Lithiumbromid (LiBr)* geht zum größten Teil in Absorptionskältemaschinen. Darüber hinaus dient es als Trocknungsmittel, als Flussmittel beim Löten und als Elektrolyt in einigen Modellen von Lithiumbatterien. Früher war es Grundlage einiger Medikamente (Beruhigungsmittel), wird aber wegen starker Nebenwirkungen nicht mehr hierfür verwendet.

Verbindungen mit anderen Elementen Mit Sauerstoff bildet Lithium sowohl *Lithiumoxid (Li_2O)* als auch *Lithiumperoxid (Li_2O_2)*. Das stöchiometrische Lithiumoxid entsteht durch Verbrennen von Lithium an der Luft und löst sich sehr leicht in Wasser bzw. zieht stark Luftfeuchtigkeit an unter Bildung von *Lithiumhydroxid (LiOH)*. Li_2O ist ein weißer, geruchloser Feststoff vom Schmelzpunkt 1427 °C. Aus ihm stellt man *Lithiumniobat ($LiNbO_3$)* her, das unterhalb einer Temperatur von 1213 °C ferroelektrisch ist und daher in Bandpassfiltern, Lasern und anderen elektronischen optischen Geräten eingesetzt wird (Cabrera et al. 2004; Hsu et al. 1997; Wong 2002; Lehnert et al. 1997).

Das weiße bis gelbliche Lithiumperoxid (Li_2O_2) bildet sich beim Auflösen von Lithiumhydroxid in Wasserstoffperoxid. an der Luft und zersetzt sich beim Erhitzen ab Temperaturen um 340 °C unter Abspaltung von Sauerstoff. Es bindet Kohlendioxid und setzt gleichzeitig Sauerstoff frei, weshalb man es in U-Booten als Absorber für Kohlendioxid und gleichzeitigen Lieferanten von Sauerstoff einsetzt (Holleman et al. 2007, S. 1263).

$$2\,Li_2O_2 + 2\,CO_2 \rightarrow 2\,Li_2CO_3 + O_2$$

Lithiumhydroxid (LiOH) entsteht auch durch das sehr heftig erfolgende Auflösen von Lithium in Wasser und ist eine starke Base. Aus ihm stellt man „Lithiumseifen", also Lithiumsalze von Fettsäuren, her, die als Verdicker von Schmierfetten und -ölen auf petrochemischer Basis dienen, jedoch auch bei der Produktion von Bleistiften eingesetzt werden.

Lithiumnitrid (Li_3N) ist im reinen Zustand ein rotbraunes Pulver, das bi 845 °C schmilzt und bei Ausschluss von Feuchtigkeit stabil ist. Es entsteht bei der Reaktion von Lithium mit Luftstickstoff schon bei Raumtemperatur und hydrolysiert leicht zu Lithiumhydroxid und Ammoniak. Technisch stellt man es durch Reaktion der Elemente bei Temperaturen um 1000 °C her. Potenziell ist Lithiumnitrid als Speicher für Wasserstoffgas interessant, da die Wasserstoffatome leicht ins Kristallgitter des Nitrids einzulagern sind. Für eine Anwendung sind aber die notwendigen Temperaturen ab 255 °C noch zu hoch (Löfken 2002).

Verbindungen mit Sauerstoffsäuren Technisch am bedeutendsten unter den Lithiumverbindungen ist *Lithiumcarbonat (Li_2CO_3)*, das im Unterschied zu Natrium- und Kaliumcarbonat nur schwer in Wasser löslich ist. Es ist Zwischenprodukt für die Herstellung von Lithium selbst sowie anderen Lithiumverbindungen. In der Technik setzt man es als Flussmittel ein.

Lithiumnitrat ($LiNO_3$) ist eines der Hilfsmittel für die Vulkanisation von Kautschuk.

Organische Verbindungen Die oben schon erwähnten, sehr schwer wasserlöslichen „Lithiumseifen“ wie *Lithiumstearat* werden Ölen zugesetzt, um diese zu Schmierfetten für landwirtschaftlich genutzte Maschinen, in Kraftfahrzeugen und in Walzstraßen weiter zu verarbeiten. Diese so produzierten Schmierfette sind auch bei hohen Temperaturen stabil und behalten ihre Schmierfähigkeit bis zu Temperaturen weit unterhalb von 0 °C (Neumüller 1983).

Von großer Bedeutung für organische Synthesen sind *Lithiumalkyle* wie *n*-Butyllithium, *tert*-Butyllithium, Methyllithium und Phenyllithium, die, in Kohlenwasserstoffen wie z. B. Hexan gelöst, seit langem im Handel sind. Sie werden, ähnlich der zur Herstellung von Grignardverbindungen aus Magnesium, meist Reaktion des Metalls (hier: Lithium) mit Alkylhalogeniden herstellbar (Pearce et al. 1972):

$$2\,\mathrm{Li} + \mathrm{R\text{-}X} \rightarrow \mathrm{Li\text{-}R} + \mathrm{LiX}\,(\mathrm{X} = \mathrm{Halogen})$$

Aus Quecksilberalkylen sind sie zwar theoretisch auch darstellbar; diese Route spielt wegen der Beteiligung giftiger Quecksilberverbindungen technisch aber keine Rolle.

Lithiumalkyle reagieren mit Wasser explosionsartig, sie sind so empfindlich auch gegenüber Spuren von Feuchtigkeit, dass sie sich mit Lösungsmitteln, die nicht vollkommen getrocknet wurden, gleich unter Bildung des Alkans und Lithiumhydroxids umsetzen. Ebenso scheiden Lösungsmittel aus, deren Moleküle in irgendeiner Stärke saure, d. h. dissoziationsfähige Protonen besitzen, wie beispielsweise schon Tetrahydrofuran. Oft sind Lithiumalkyle an der Luft selbstentzündlich, so dass Reaktionen mit ihnen nur in einwandfrei getrockneten Solventien sowie unter Argon oder Stickstoff möglich sind. Die Moleküle der Lithiumalkyle liegen im Feststoff meist oligomer zusammengeschlossen vor. Mit ihnen führt man Alkylierungen, Deprotonierungen oder Metallierungen durch.

Anwendungen

Lithiummetall Meist verwendet man Lithium in Form seiner Verbindungen wie Lithiumcarbonat, -hydroxid, -chlorid und anderen. Lithiummetall selbst setzt man einerseits zur Gewinnung organischer Lithiumverbindungen, Lithiumhydrid bzw. Lithiumaluminiumhydrid und auch Lithiumamid ein, die nicht direkt aus Lithiumcarbonat hergestellt werden können, aber andererseits auch als simples – aber teures – Produkt zur Entfernung von Stickstoff aus Gasen, auch wenn Stickstoff in jenen nur in Spuren enthalten ist.

Lithium wirkt stark reduzierend und fungiert daher unter anderem in der Metallurgie als Mittel zur Entfernung von Sauerstoff, Schwefel und Kohle aus Metallschmelzen. Das Metall legiert man auch anderen Metallen zu, um beispielsweise deren Zugfestigkeit, Härte und Elastizität zu erhöhen. So enthält das hauptsächlich aus Blei bestehende Bahnmetall 0,04 % Lithium. Da lithiumhaltige Legierungen sehr leicht sind, findet man sie oft in der Luft- und Raumfahrttechnik.

In wiederaufladbaren Lithium-Ionen-Akkus dient z. B. Lithium-Kobaltoxid als Kathode und Graphit oder andere Lithiumionen einlagernde Verbindungen als Anode.

In der Medizin Lithiumsalze setzt man bei bestimmten Affektstörungen, Manie, Depressionen und Cluster-Kopfschmerzen ein („Lithiumtherapie"). Solche Verbindungen bewirkten, zunächst in Tierversuchen, eine schwächere Wahrnehmung äußerlicher Reize, verursachen aber keine Müdigkeit (Cade 1949). In den 1950er Jahren an Menschen durchgeführte Versuche (Schou 2001) öffneten schließlich der Lithiumtherapie die Türen. Die Bandbreite der Dosis ist von 0,6 – 1,1 mmol/l aber relativ schmal; bei Überschreiten der Dosis können schwere Nebenwirkungen wie Zittern, Starre, Übelkeit, Erbrechen, Herzrhythmusstörungen und Leukozytose auftreten. Lithiumionen können die wichtigen Natriumionen verdrängen und zu Diabetes (Diabetes insipidus), einer Übersäuerung des Blutes und zu Einschränkungen der Nierenfunktion führen.

Die Rolle von Lithiumverbindungen als mögliches Psychopharmakon wird noch untersucht (Schrauzer und Shrestra 1990; Berridge 1984; Carney et al. 1985; Williams et al. 2004). Zur Zeit erklärt man die antidepressive Wirkung von Lithiumverbindungen damit, dass sie die Ausschüttung des „Glückshormons" Serotonin verstärken, und die antimanische mit der Hemmung bestimmter Dopamin-Rezeptoren (Woggon 1998). Darüber hinaus beeinflussen sie endogene Rhythmen wie beispielsweise den Schlaf-Wach-Rhythmus (Hafen und Wollnik 1994; Bünning und Moser 1972). An der Taufliege (Drosophila melanogaster) stellte man erstmals fest, dass Lithiumverbindungen auch gegen Vergesslichkeit zu verwenden sind, als Symptomen, wie sie unter anderem bei der Alzheimer-Krankheit auftreten (McBride et al. 2010).

Vor wenigen Jahren durchgeführte Untersuchungen zeigten, dass ein hoher Lithiumgehalt im Trinkwasser die Lebenserwartung verlängern kann (Zarse et al. 2011).

5.3 Natrium

Symbol	Na		
Ordnungszahl	11		
CAS-Nr.	7440-23-5		
Aussehen	Silbrigweiß glänzend	Natrium, Stücke (Manske 2007)	Natrium, Stücke (Sicius 2015)
Entdecker, Jahr	Davy (England), 1807		
Wichtige Isotope [natürliches Vorkommen (%)]	Halbwertszeit (a)	Zerfallsart, -produkt	
$^{23}_{11}Na$ (100)	Stabil	–	
Massenanteil in der Erdhülle (ppm)		26.400	
Atommasse (u)		22,9898	
Elektronegativität (Pauling ♦ Allred&Rochow ♦ Mulliken)		0,93 ♦ K. A. ♦ K. A.	
Normalpotential für: $Na^+ + e^- \rightarrow Na$ (V)		−2,713	
Atomradius (pm)		180	
Van der Waals-Radius (pm)		227	
Kovalenter Radius (pm)		154	
Ionenradius (Na^+, pm)		95	
Elektronenkonfiguration		[Ne] 3 s^1	
Ionisierungsenergie (kJ/mol), erste		496	
Magnetische Volumensuszeptibilität		$8{,}5 \cdot 10^{-6}$	
Magnetismus		Paramagnetisch	
Kristallsystem		Kubisch-raumzentriert	
Elektrische Leitfähigkeit([A/(V • m)], bei 300 K)		$2{,}1 \cdot 10^{-7}$	
Elastizitäts- ♦ Kompressions- ♦ Schermodul (GPa)		10 ♦ 6,3 ♦ 3,3	
Vickers-Härte ♦ Brinell-Härte (MPa):		Keine Angabe ♦ 0,69	
Mohs-Härte		0,5	
Schallgeschwindigkeit (longitudinal, m/s, bei 298,15 K)		3990	
Dichte (g/cm^3, bei 293,15 K)		0,968	
Molares Volumen (m^3/mol, im festen Zustand)		$23{,}78 \cdot 10^{-6}$	
Wärmeleitfähigkeit [W/(m • K)]		140	
Spezifische Wärme [J/(mol • K)]		28,23	
Schmelzpunkt (°C ♦ K)		97,72 ♦ 370,87	
Schmelzwärme (kJ/mol)		2,6	
Siedepunkt (°C ♦ K)		890 ♦ 1163	
Verdampfungswärme (kJ/mol)		97,4	

Vorkommen Hinsichtlich des Vorkommens in der Erdkruste steht Natrium mit einem Anteil von 2,36 % an sechster Stelle (Wedepohl 1995). Da es sehr reaktiv ist, tritt es nur in Form seiner Verbindungen auf und niemals elementar. In Meerwasser sind Na^+-Ionen in einer durchschnittlichen Konzentration von ca. 0,1 % enthalten (Holleman et al. 2007).

Mineralisch findet sich Natrium in der Natur in Form großer Lagerstätten von Natriumchlorid, die auch die bedeutsamste Quelle zur Gewinnung von Natrium und seinen Verbindungen sind. Bekannte Produktionsorte dieses „Steinsalzes" sind in Deutschland Salzgitter, Bad Reichenhall, Berchtesgaden und Stade. Daneben findet sich Natrium in Feldspäten wie Albit (Natronfeldspat, $NaAlSi_3O_8$) und Oligoklas $[(Na, Ca)Al(Si, Al)_3O_8]$.

In einigen wenigen trockenen Gegenden der Erde kommt das gut wasserlösliche Natriumnitrat ($NaNO_3$, Chilesalpeter) in Form größerer Lagerstätten (Atacamawüste, Chile) vor. Dort wurde es vor etwa 100 Jahren in großen Mengen abgebaut und nach Europa verschifft, da es ein sehr wichtiger Ausgangsstoff zur Herstellung von Düngern und Sprengstoffen war. Ein anderes, in großen Mengen abgebautes Mineral ist Natriumcarbonat ($Na_2CO_3 \cdot 10\ H_2O$, Soda), das meistens in die Produktion von Gläsern geht. Schließlich Kryolith (Na_3AlF_6), dessen natürliche Vorkommen in Grönland schon erschöpft sind und den man heute synthetisch herstellt, da große Mengen davon als schmelzpunktsenkender Zuschlag bei der Schmelzflusselektrolyse von Aluminium gebraucht werden.

Im Weltall zählt Natrium ebenfalls zu den häufigeren Elementen (Cameron 1970); die gelbe Natrium-D-Spektrallinie kann oft im von Sternen ausgestrahlten Licht nachgewiesen werden.

Gewinnung Das Ausgangsmaterial für die Herstellung metallischen Natriums ist meist Koch- bzw. Steinsalz (Natriumchlorid, NaCl), das man entweder bergmännisch in Salzstöcken abbaut oder aber durch Verdunsten salzhaltiger Lösungen wie Meerwasser gewinnt. Jedoch nutzt man nur einen geringen Anteil des Natriumchlorids, um daraus Natrium zu produzieren. Den größten Teil verwendet man direkt als Speisesalz, es wird abgefüllt, verpackt und geht in den Handel. Nur einen kleineren Anteil setzt man zur Herstellung anderer Verbindungen des Natriums ein.

Technisch wendet man das Downs-Verfahren zur Schmelzflusselektrolyse geschmolzenen Natriumchlorids an, um so Natrium herzustellen. Den hohen Schmelzpunkt des Salzes (801 °C) senkt man in der Regel durch Zusatz von Calciumchlorid, das in der Schmelze mit 60 Gew.-%, also mehrheitlich, enthalten ist. Diese eutektische Gemisch schmilzt bereits bei einer Temperatur von 580 °C; die Zelle selbst betreibt man mit einer Spannung von 7 V (Holleman et al. 2007). Die zur Herstellung eines kg Natrium benötigter gesamte Stromleistung liegt bei ca. 12 kWh.

An der Kathode entwickeln sich Natrium und Calcium, an der Anode Chlor. Die Elektrolysezelle enthält eine in der Mitte angebrachte Graphitanode und eine ringförmig an der Seite angeordnete Eisenkathode. Am Kopf der Zelle befindet sich eine Saugglocke, die das an der Anode entstandene Chlor sammelt und abführt. Das spezifisch leichte Natrium schwimmt auf der Salzschmelze oberhalb der Kathoden auf, von wo es durch ein gekühltes Steigrohr aus der Zelle entfernt wird. Das bei der Elektrolyse mit entstandene Calcium, das einen wesentlich höheren Schmelzpunkt als Natrium besitzt, kristallisiert an der Kathode aus und fällt in die Schmelze zurück.

Das vor Einführung der Schmelzflusselektrolyse von Natriumchlorid angewandte Castner-Verfahren basierte auf der Schmelzflusselektrolyse von Natriumhydroxid (NaOH). Dieses Verfahren war trotz des niedrigeren Schmelzpunktes von Natriumhydroxid (318 °C) teurer im Betrieb. Zugleich gewinnt man mittels des Down-Verfahrens aus Natriumchlorid auch noch Chlor, was es auch heute immer noch am preisgünstigsten macht.

Eigenschaften Unter Normalbedingungen ist Natrium ein wachsweiches, silberglänzendes und sehr reaktionsfähiges Leichtmetall. Daher bewahrt man kleinere Mengen unter Paraffinöl oder Petroleum auf, größere Mengen in luftdicht verschlossenen Stahlfässern.

Physikalische Eigenschaften Das kubisch-raumzentriert kristallisierende Natrium (Schubert 1974) steht hinsichtlich seiner Eigenschaften zwischen Lithium und Kalium. Es schmilzt bei einer Temperatur von 97,82 °C, Lithium bei 180,54 °C und Kalium bei 63,6 °C). Entsprechend verhält es sich bei den Siedepunkten und den spezifischen Wärmekapazitäten. Natrium, Lithium und Kalium sind die einzigen Metalle mit einer Dichte von <1 g/cm^{-3}. In der Gruppe der Alkalimetalle nimmt die Härte von niedrigen zu hohen Ordnungszahlen stets ab; diesem Trend folgt auch Natrium, das mit einer Mohs-Härte von nur 0,5 weicher als Lithium ist.

Im gasförmigen Zustand existieren einzelne Atome und auch Dimere (Na_2); am Siedepunkt (890 °C) liegen immerhin noch 16 % der Atome in Form von Dimeren vor. Der Dampf ist gelb und erscheint in der Durchsicht purpurfarben.

Mit Kalium bildet Natrium tiefschmelzende Legierungen, die oft bei Raumtemperatur flüssig sind. Das Eutektikum (77 Gew.-% K, 23 Gew.-% Na) schmilzt bei −12,6 °C (Van Rossen und Van Bleiswijk 1912).

Chemische Eigenschaften Natrium ist ein sehr unedles und damit reaktives Metall, das zeigt auch das Redoxpotential für die Reaktion $Na^{+} + e^{-} \rightarrow Na$, das mit −2,71 V stark negativ ist. Natrium reagiert mit den meisten Nichtmetallen sehr heftig, in

Wasser löst es sich stürmisch auf und schmilzt dabei sogar (Mason et al. 2015). Mit Mineralsäuren wie Salz-, Schwefel- und Salpetersäure erfolgt eine nahezu explosionsartige Reaktion:

$$2Na + 2H_2O \rightarrow 2NaOH + H_2\uparrow \quad 2Na + 2HCl \rightarrow 2NaCl + H_2\uparrow$$

Erstaunlicherweise reagiert Natrium mit völlig trockenem Sauerstoff nicht und lässt sich sogar ohne erkennbare Reaktion in einer Atmosphäre aus trockenem Sauerstoff schmelzen. Die Anwesenheit von Spuren an Feuchtigkeit reicht jedoch bereits aus, dass Natrium direkt zu Natriumperoxid verbrennt:

$$2Na + O_2 \rightarrow Na_2O_2$$

Auch mit Alkoholen [Methanol (CH_3OH), Ethanol (C_2H_5OH)] reagiert es zügig und deutlich exotherm unter Bildung des jeweiligen Alkoholats (hier: Natriummethylat):

$$2Na + 2CH_3OH \rightarrow 2NaOCH_3 + H_2$$

Natrium kann, sogar mit ziemlich heftiger Reaktion, den relativ reaktionsträgen chlorierten Kohlenwasserstoffen wie Chlorform ($CHCl_3$) oder Tetrachlorkohlenstoff (CCl_4) das chemisch gebundene Chlor entreißen, wobei dann Natriumchlorid und Kohlenstoff gebildet werden.

In flüssigem Ammoniak löst sich Natrium unter Bildung einer blaugefärbten Lösung. Diese ist elektrisch leitend, also gibt Natrium Elektronen in die Lösung ab. Zugabe eines Kryptanden (z. B. [2,2,2]Kryptand, der dem Kronenether 18-Krone 6 strukturell ähnlich ist, „friert" das Na^+-Kation ein, wodurch automatisch ein Natrid-Anion (Na^-) erzeugt wird. Mittlerweile gibt es zahlreiche Veröffentlichungen über Natride, Kalide, Rubidide und sogar Caeside, die die Alkalimetalle in ihrer anionischen (!) Form enthalten und naturgemäß extrem reaktiv sind (Dye 1984; Dye at al. 1989/1990/1993/1999/2003/2006).

Verbindungen In seinen „gewöhnlichen" Verbindungen tritt Natrium ausschließlich in der Oxidationsstufe +1 auf. Die Verbindungen zeigen ein stark ionisches Verhalten und sind meist gut wasserlöslich.

Verbindungen mit Halogenen Das wichtigste und bekannteste Natriumsalz ist *Natriumchlorid (NaCl, Speisesalz oder Kochsalz)*, das in sehr großen Mengen vorkommt und Ausgangsmaterial für die Herstellung fast aller anderen Natriumverbindungen ist. Es dient als Nahrungsmittel, zur Konservierung von Lebensmitteln und als Streusalz im Straßenverkehr, um nur einige Anwendungen zu nennen. Es ist ein farb- und geruchloser Feststoff, der bei 801 °C schmilzt und bei 1461 °C siedet. Es ist gut löslich in Wasser (358 g/L bei 20 °C).

Natriumchlorid ist in der Natur in riesiger Menge vorhanden, meist gelöst im Meerwasser mit einem Gehalt von ca. 3 %, was einer Gesamtmenge in den Weltmeeren von $3{,}6 * 10^{16}$ t entspricht. Die in vorgeschichtlicher Zeit durch Austrocknung und Bedeckung urzeitlicher Meere gebildeten Salzlagerstätten bestehen praktisch ausschließlich aus Steinsalz. Allein unterhalb Deutschlands vermutet man Lagerstätten, die ein Volumen von bis zu 100.000 km^3 (!) einnehmen. Vor einigen Jahren schon lag die gesamte Produktion bei 250 Mio. t; die größten Förderländer waren China, die USA, Indien, Deutschland, Kanada und Australien Moretto et al. 2013; Bergier und Grub 1989).

Bohren, Sprengen, Schneiden oder nasser Abbau, dies sind die Fördermethoden in Salzbergwerken. Das mittels der erstgenannten Verfahren gewonnene Steinsalz wird dann gebrochen und in diversen Korngrößen zutage gefördert. Beim nassen, ausschließlich über Tage betriebenen Abbau spült man das Bohrloch mit verdünnter Salzsole und fördert schließlich konzentrierte mit einem Sättigungsgehalt von 26,5 Gew.-%. Diese muss aber noch gereinigt werden. Aus der so gereinigten Sole erzeugt man schließlich durch Eindampfen, entweder unter Ausnutzung der Sonnenwärme in Salinen oder aber durch Eindampfen in Vakuumverdampfern das so genannte Siedesalz. Für in den USA produzierte Sole sowie hergestelltes Steinsalz, Meersalz und Siedesalz schätzte der U.S. Geological Survey für 2014 mittlere Preise ab Werk von US$8,50/ t für Sole, US$55/ t für Steinsalz, US$83/ t für Salz aus solarer Verdunstung und US$180/ t für Siedesalz (Bolen 2015).

Natriumfluorid (NaF) ist ein weißer bis grünlicher Feststoff vom Schmelzpunkt 993 °C und Siedepunkt 1704 °C, der im Unterschied zu Natriumchlorid für den Menschen und viele Tierarten giftig ist (tödliche Dosis für einen Erwachsenen: 1–10 g). Ursache ist die starke Bindung des Fluoridanions an die Eisenatome eisenhaltiger Enzyme, die so infolge Komplexbildung blockiert und unwirksam gemacht werden. Natriumfluorid kristallisiert ebenfalls kubisch und ist durchlässig für IR- und UV-Licht. Seine Löslichkeit in Wasser ist sehr begrenzt. Man verwendet es als Holzschutzmittel, zum Konservieren von Klebstoffen, als Trübungs- und Flussmittel bei der Herstellung von Glas sowie in der Metallurgie als schlackenbildenden Zusatz. Einkristalle setzt man als Material für Linsen und Prismen in Analysegeräten ein. Wichtig war zumindest in der Vergangenheit die Verwendung als Fluoridierungsmittel für Trinkwasser, und das bei der Anreicherung von Uran als Zwischenprodukt dienende Uranhexafluorid (UF_6) kann durch Zusatz von Natriumfluorid gereinigt werden.

Verbindungen mit Chalkogenen Von den fünf bekannten Natriumoxiden sind nur zwei relativ stabil. *Natriumoxid (Na_2O)* entsteht bei der Herstellung von Glas aus dem hierfür verwendeten Natriumcarbonat durch dessen Erhitzen, außerdem bei kontrollierter Verbrennung von Natrium im Temperaturbereich 150–200 °C. Sonst verbrennt Natrium zu *Natriumperoxid (Na_2O_2)*, das ein starkes Oxidationsmittel ist und als Bleichmittel für Textilien und Papier sowie als Sauerstoffquelle beim Tauchen und in U-Booten verwendet wird.

Natriumoxid ist ein weißer Feststoff, der oberhalb einer Temperatur von 1275 °C sublimiert und heftig mit Wasser unter Bildung von Natriumhydroxid reagiert. Die Verbindung ist in reinem Zustand aus flüssigem Natrium und Natriumnitrat (I) bzw. Natriumazid und Natriumnitrat (II) herstellbar, wobei bei beiden Umsetzungen unbedingt die Sicherheitsvorschriften einzuhalten sind (Brauer 1978, S. 951). Alternativ ist noch das Eintragen von Natriumhydroxid in geschmolzenes Natrium möglich (III):

$$\text{I} \quad 10\,Na + 2\,NaNO_3 \rightarrow 6\,Na_2O + N_2$$

$$\text{II} \quad 5\,NaN_3 + NaNO_3 \rightarrow 3\,Na_2O + 8\,N_2$$

$$\text{III} \quad 2\,NaOH + 2\,Na \rightarrow 2\,Na_2O + H_2$$

Natriumhydroxid (NaOH) ist für die Industrie eine der wichtigsten Basen. Die wässrige Lösung von Natriumhydroxid ist die stark basische Natronlauge, die man in unzähligen Anwendungen einsetzt. Sie wird unter anderem für die Herstellung von Seife und Farbstoffen sowie zum Aufschluss von Bauxit bei der Aluminiumproduktion verwendet. Natriumhydroxid schmilzt bzw. siedet bei Temperaturen von 323 °C bzw. 1390 °C.

Natronlauge reagiert mit Schwefelwasserstoff zu *Natriumsulfid (Na_2S)* und *Natriumhydrogensulfid (NaHS)*. Aus dieser Lösung kann man das Natriumsulfid durch Trocknen im Exsikkator über Schwefel- oder Phosphorsäure bis zu einem Gehalt von 96 % aufkonzentrieren; die restlichen 4 % entfallen auf Wasser. Dieser letzte Wasseranteil kann nur noch durch Erhitzen auf eine Temperatur von 700 °C im Wasserstoffstrom entfernt werden.

Ein reineres Produkt liefert die Reaktion von Natrium mit Schwefel in wasserfreiem, verflüssigten Ammoniak (Also und Boudjouk 1992). Hydratisiertes Natriumsulfid ($Na_2S \cdot 9\,H_2O$) ist im reinen Zustand ein farbloser kristalliner, nach faulen Eiern riechender Feststoff. Die wasserfreie Substanz ist geruchlos. Schon bei Berührung mit schwachen Säuren – Kohlendioxid der Atemluft – wird giftiger, übelriechender Schwefelwasserstoff freigesetzt. Fein verteiltes, kristallwasserfreies,

Natriumsulfid setzt sich heftig mit Oxidationsmitteln (Kaliumpermanganat oder -dichromat) um. Es löst sich leicht in Wasser unter Bildung einer stark alkalisch reagierenden und ätzend wirkenden Lösung. Man verwendet es beispielsweise in der Gerberei als Enthaarungsmittel, im Bergbau zur Erzflotation, in der organischen Chemie als Reduktionsmittel, in der Behandlung von Abwasser zur Fällung von Schwermetallkationen in Form ihrer Sulfide, zum Färben von Glas, zur Entfernung von NO_x (Stickoxiden) aus Abgasen und zum Holzaufschluss.

Natriumsulfat (Na_2SO_4), setzt man unter anderem in Waschmitteln und beim in der Papierindustrie gängigen Sulfatverfahren ein. *Natriumthiosufat ($Na_2S_2O_3$)* dient in der Fotografie als Fixiersalz.

Weitere Natriumverbindungen Natriumhydrid (NaH) und Natriumborhydrid ($NaBH_4$) setzt man in der organischen als Reduktions- bzw. Hydrierungsmittel ein. Natriumhydrid deprotoniert dabei vorwiegend Thiole, Alkohole, Amide und CH-acide Verbindungen und bringt diese in Form ihrer stark nukleophilen Anionen zur Reaktion. Natriumborhydrid ist ein gutes Reduktionsmittel für Carbonylverbindungen. Beide Verbindungen reagieren mit Wasser heftig unter Bildung von Wasserstoff.

Natriumcarbonat (Soda, Na_2CO_3) und *Natriumhydrogencarbonat (Natron, $NaHCO_3$)* sind ebenfalls wichtige Verbindungen. Das relativ gut in Wasser lösliche Natriumcarbonat verwendet man in großen Mengen bei der Glasherstellung, das schwerer in Wasser lösliche Natriumhydrogencarbonat ist unter anderem Bestandteil von Backpulvern und Medikamenten gegen Übersäuerung des Magens. Beim Erhitzen zerfällt $NaHCO_3$ zu Natriumcarbonat, Wasser und Kohlendioxid; ein Effekt, der für die Bildung von Kesselstein (Calciumcarbonat) durch das in natürlichen Wässern immer vorhandene Hydrogencarbonat sowie Calcium verursacht wird.

Natriumnitrat ($NaNO_3$) kommt als Chilesalpeter natürlich vor und wird als Dünger eingesetzt.

Organische Natriumverbindungen sind noch viel instabiler als die ohnehin schon sehr reaktiven Lithiumorganyle und entsprechend extrem reaktionsfähig Einigermaßen beständig sind nur Verbindungen mit raumbeanspruchenden Resten wie Arylen oder Cyclopentadien, die man als Reduktionsmittel verwendet (Elschenbroich 2005).

Anwendungen Der größte Teil des durch Abbau oder andere Verfahren gewonnenen Natriumchlorids oder -carbonats wird als solches verwendet oder zu anderen Verbindungen des Elements umgesetzt. Nur eine verhältnismäßig kleine Menge wird zu metallischem Natrium weiter verarbeitet, und nur dessen Anwendungen werden hier diskutiert.

Aus metallischem Natrium stellt man einige Verbindungen her, die auf anderem Wege nicht zugänglich sind, so beispielsweise das als Bleichmittel verwendete Natriumperoxid, das stark basische Natriumamid, ferner Natriumcyanid und Natriumhydrid.

Man setzt es in sehr geringen Mengen Aluminium-Silicium-Legierungen zu, da es das Erstarrungsgefüge verbessert (Verfahren nach Pácz).

Infolge der Nichtanwendbarkeit anderer Reduktionsmittel setzt man zur Herstellung von Aluminium, Magnesium und einer Reihe von Übergangsmetallen (Titan, Zirkonium, Tantal, Uran) Natrium ein. In dieser reduzierenden Funktion wurde und wird es auch in organischen Synthesen eingesetzt

Natrium spielt eine wichtige Rolle als Reduktionsmittel in der organischen Synthese. Lange Zeit diente die Umsetzung einer Natrium-Blei-Legierung mit Chlorethan zur Produktion des Antiklopfmittels Tetraethylblei, bevor jenes ab Mitte der 1980er Jahre in Deutschland und Anfang der 1990er Jahre in Nordamerika als Zusatz zu Kraftstoffen verboten wurde. Darüber hinaus ist es im Labormaßstab für einige Kupplungsreaktionen wichtig (Brückner 2004).

Frisch gepresster Natriumdraht dient als Trocknungsmittel für Diethylether oder Toluol, darf aber nicht mit halogenhaltigen Lösungsmitteln (Chloroform, Tetrachlormethan) in Kontakt kommen, da es mit diesen heftig reagiert.

Natrium ist Katalysator zur Polymerisation von 1,3-Butadien und Isopren (Ziegler et al. 1934).

Die bei Raumtemperatur flüssigen Natrium-Kalium-Legierungen sowie auch reines Natrium selbst sind als Wärmeüberträger im Einsatz, weil Natrium eine mit 140 W/m·K sehr hohe Wärmeleitfähigkeit, eine ebenso gute Wärmeübertragungsfähigkeit und einen niedrigen Schmelzpunkt besitzt. Zusätzlich ist es über einen großen Temperaturbereich hinweg flüssig. Es dient daher zur Kühlung der Auslassventile in Verbrennungsmotoren und der Brennstäbe in Brutreaktoren. In letzteren dürfen die bei der Kernspaltung erzeugten schnellen Neutronen nicht wie in anderen Reaktortypen durch zwischen den Brennstäben befindliches Wasser abgebremst werden (Volkmer 1996).

In den mit hoher Lichtausbeute arbeitenden Natriumdampflampen ist, wie der Name schon sagt, das bei elektrischen Entladungen erzeugte dampfförmige Natrium für die Aussendung des typischen gelben Lichtes verantwortlich.

Physiologie Natrium in Form seines Kations Na^+ist für tierische Organismen essenziell und ist dort neben Calcium und Kalium das häufigste chemische Element. Der menschliche Körper enthält durchschnittlich ca. 100 g Na^+-Ionen (Kaim und Schwederski 2005), die außerhalb der Körperzellen 90 % der Gesamtmenge an Elektrolyten stellen (Deetjen et al. 2005).

Ein Erwachsener sollte täglich mindestens 550 mg Na^+aufnehmen (World Health Organization 2007), die Höchstmenge sollte aber 1,5 bis 2 g pro Tag nicht überschreiten (American Heart Association 2015; Deutsche Gesellschaft für Ernährung 2015). Oft werden diese Werte infolge hohen Salzkonsums mit 2,4–3,2 g/Tag deutlich übertroffen (Max-Rubner-Institut 2007), anhand von gemessenen Werten für die Ausscheidung des Natriums aus dem Organismus ist sogar von bis zu 4,5 g täglich auszugehen (Elliott und Brown 2006).

Bei Natriummangel schwellen die Zellen des Körpers an, bei Überschuss schrumpfen sie. Beide Phänomene beeinflussen die Funktion des Gehirns negativ bis hin zu epileptischen Anfällen, Bewusstseinsstörungen und eventuell auch Koma. Die unterschiedliche Verteilung von Ionen im Organismus (Na^+- und Cl^- meist extrazellulär), K^+und organische Anionen überwiegend in der Zelle sind Grundlage des sich einstellenden Membranpotentials und Konzentrationsgefälles, obwohl die betreffenden Ionen ständig in Richtung der geringeren Konzentration diffundieren. Unter Energieverbrauch müssen die Ionen daher immer wieder in ihr ursprüngliches Medium zurückgepumpt werden (Müller-Esterl 2010).

Na^+-Ionen sind stark an Entstehung und Weiterleitung von Erregungen in Nervenzellen und Muskelfasern beteiligt. Die Rezeptoren der Postsynapsen von Nervenzellen sowie an den Enden der Muskelfasern öffnen sich, wenn sie von den von benachbarten Nervenzellen ausgeschütteten Neurotransmittern erreicht werden, und Na^+-Ionen können in die Rezeptoren eindringen. Dadurch nimmt die Zahl positiver Ladungsträger in der Zelle zu (Depolarisation). Diese Depolarisation verlagert sich durch die Nervenfaser hin zum anderen Ende der Zelle (Spannungswelle oder Aktionspotential), wo sich ein anderer Natriumkanal des Axons öffnet und u. a. wieder Natriumionen ausgeschüttet werden.

Für Pflanzen dagegen ist Natrium, im Gegensatz zu Kalium, relativ unwichtig. In bestimmten Küstengebieten mit salzreichen Böden nutzen salzresistente Pflanzen (Halophyten wie Kohl, Zuckerrübe und manche Gräser) dergestalt aus, dass bei ihnen das Na^+- anstatt des K^+-Ions verantwortlich für das Wachstum der Blätter ist. Bei anderen Pflanzen wie Mais wirkt sich eine hohe Natriumzufuhr dagegen hemmend auf die Leistung der Photosynthese aus (Sitte et al. 2002; Mengel 1991)

5.4 Kalium

Symbol	K		
Ordnungszahl	19		
CAS-Nr.	7440-09-7		
Aussehen	Silbrigweiß, glänzend	Kalium (Material Scientist 2015)	Kalium, Korrosion an Luft (Conny 2005)
Entdecker, Jahr	Davy (England), 1807		
Wichtige Isotope [natürliches Vorkommen (%)]	Halbwertszeit (a)	Zerfallsart, -produkt	
$^{39}_{19}K$ (93, 26)	Stabil	–	
$^{40}_{19}K$ (0, 012)	$1{,}277 \cdot 10^{9}$	β^{+}, $\varepsilon > ^{40}_{18}Ar / \beta^{-} > ^{40}_{20}Ca$	
$^{41}_{19}K$ (6, 73)	Stabil	–	
Massenanteil in der Erdhülle (ppm)		24100	
Atommasse (u)		39,0983	
Elektronegativität (Pauling ♦ Allred&Rochow ♦ Mulliken)		0,82 ♦ K. A. ♦ K. A.	
Normalpotential für: $K^{+}+e^{-}>K$ (V)		−2,931	
Atomradius (pm)		220	
Van der Waals-Radius (pm)		275	
Kovalenter Radius (pm)		203	
Ionenradius (K^{+}, pm)		133	
Elektronenkonfiguration		[Ar] 4 s^{1}	
Ionisierungsenergie (kJ/mol), erste		419	
Magnetische Volumensuszeptibilität		$5{,}7 \cdot 10^{-6}$	
Magnetismus		Paramagnetisch	
Kristallsystem		Kubisch-raumzentriert	
Elektrische Leitfähigkeit([A/(V • m)], bei 300 K)		$1{,}43 \cdot 10^{7}$	
Elastizitäts- ♦ Kompressions- ♦ Schermodul (GPa)		3,53 ♦ 3,1 ♦ 1,3	
Vickers-Härte ♦ Brinell-Härte (MPa)		Keine Angabe ♦ 0,363	
Mohs-Härte		0,4	
Schallgeschwindigkeit (longitudinal, m/s, bei 298,15 K)		2570	
Dichte (g/cm^{3}, bei 293,15 K)		0,856	

Molares Volumen (m^3/mol, im festen Zustand)	45,94 • 10^{-6}
Wärmeleitfähigkeit [W/(m • K)]	100
Spezifische Wärme [J/(mol • K)]	29,6
Schmelzpunkt (°C ♦ K)	63,38 ♦ 336,53
Schmelzwärme (kJ/mol)	2,334
Siedepunkt (°C ♦ K)	774 ♦ 1047
Verdampfungswärme (kJ/mol)	79,1

Vorkommen Kalium zählt zu den häufigsten Elementen und kommt in vielen Mineralen vor. Dabei tritt es ausschließlich als K^+-Ion auf; kovalent strukturierte Kaliumverbindungen gibt es nicht. Im Meerwasser sind durchschnittlich immerhin 408,4 mg K^+/L enthalten.
In der Natur vorkommende Kaliumminerale sind z. B. Sylvin (KCl), Sylvinit (KCl • NaCl), Carnallit (KCl • $MgCl_2$ • 6 H_2O), Kainit (KCl • $MgSO_4$ • 3 H_2O), Schönit [K_2(Mg)SO4 • 6 H_2O], Orthoklas (Kalifeldspat, $KAlSi_3O_8$) und Muskovit [Kaliglimmer, $KAl_2(OH, F)_2AlSi_3O_{10}$].

Gewinnung Erstmals isolierte Davy 1807 durch Elektrolyse angefeuchteten Natrium- und Kaliumhydroxids beide Alkalimetalle. In der Zeit bis zu den 1950er Jahren war die elektrolytische Produktion vorherrschend, ab dieser Zeit bis heute reduziert man jedoch bei einer Temperatur von 870 °C unter Schutzgasatmosphäre Kaliumchlorid mittels Natriummetall. Das bei der Reaktion:

$$Na + KCl \rightarrow K\uparrow + NaCl$$

anfallende, gasförmige Kalium kondensiert man in Kühlern. Durch Variation der Mengen der beteiligten Reaktionspartner sowie der Destillationsparameter sind auch Legierungen von Kalium mit Natrium zugänglich.

Eigenschaften
Physikalische Eigenschaften Kalium ist ein wachsweiches Leichtmetall und weist wie Natrium und Kalium eine Dichte von <1 g/cm^3 auf. Es besitzt eine gute Leitfähigkeit für Wärme und den elektrischen Strom; es schmilzt bereits bei einer Temperatur von 63,4 °C.

Natürlich vorkommendes Kalium enthält einen Anteil von 0,0117 % des radioaktiven Isotops $^{40}_{19}K$, das mit einer relativ langen Halbwertszeit sowohl zu $^{40}_{18}Ar$

als auch $^{40}_{20}Ca$ zerfällt. Die durch im Körper vorhandenes $^{40}_{19}K$ verursachte radioaktive Belastung in Höhe von knapp 0,2 mSv/a stellt nahezu 10 % der natürlichen radioaktiven Gesamtbelastung in Deutschland (Bundesamt für Strahlenschutz 2014). Der Zerfall dieses Isotops ist eine wichtige Quelle für die Bildung des Isotops $^{40}_{18}Ar$ und damit für den relativ hohen Gehalt an Argon in der Erdatmosphäre.

Chemische Eigenschaften Kalium ist sehr reaktionsfähig, kommt daher in der Natur nur in chemisch gebundener Form vor und setzt sich mit Nichtmetallen und vielen chemischen Verbindungen sehr heftig um. Kalium ist, abgesehen von den höheren Alkalimetallen Rubidium und Cäsium, das reaktivste Metall überhaupt.

Frische Schnittflächen des Metalls überziehen sich sehr schnell mit einer bläulichen Schicht, die meist aus Kaliumoxid besteht. Lässt man die Metallstücke an der Luft liegen, reagieren sie nach einiger Zeit völlig zu einer Mischung aus Kaliumoxid, -hydroxid und -carbonat. Daher bewahrt man Kalium unter wasserfreiem Petroleum oder Paraffinöl auf. Auch unter diesen Bedingungen kann sich Kalium nach einiger Zeit aber mit einer rotgelben, aus Oxiden und Peroxiden gebildeten Schicht überziehen, die bei Berührung explodieren kann. Die Entsorgung kann dann nicht mehr durch Eintragen in tert.-Butanol erfolgen (siehe unten), sondern nur noch durch kontrollierte Verbrennung des Gebindes.

Mit Wasser setzt es sich so heftig um, dass es in geschmolzenem Zustand auf dem Wasser schwimmt und der sich bei der Reaktion freiwerdende Wasserstoff stets entzündet und mit violetter Flamme verbrennt; gelegentlich kommt es hierbei zur Explosion des Metallstücks (Mason et al. 2015). Selbst an feuchter Luft läuft es sofort an und reagiert mit Wasser und dem in der Luft immer vorhandenen Kohlendioxid zu einer Mischung von Kaliumhydroxid und -carbonat. In trockenem Sauerstoff verbrennt Kalium mit intensiver violett gefärbter Flamme zu Kaliumhyperoxid (KO_2) und Kaliumperoxid (K_2O_2). Mit Halogenen reagiert es fast explosionsartig. In flüssigem Ammoniak löst sich Kalium unter Bildung einer blauvioletten Lösung.

Die Entsorgung von Kalium (sowie Natrium und auch Lithium generell) sollte durch Eintragen der Metallstücke in einen Überschuss von tert.-Butanol erfolgen, mit dem es unter gleichzeitiger Entwicklung von Wasserstoff langsam zum tert.-Butanolat reagiert. Auf die Vollständigkeit der abgelaufenen Reaktion ist unbedingt zu achten. Niedere, geradkettige Alkohole reagieren heftiger und sind zudem meist leichter entzündlich; daher dürfen z. B. Methanol oder Ethanol nicht hierzu verwendet werden.

Wie schon im Kapitel „Natrium“ beschrieben, bildet Kalium mit Natrium in weitem Konzentrationsbereich bei Raumtemperatur flüssige Legierungen. Das

Eutektikum enthält 23 Gew.-% Natrium und 77 Gew.-% Kalium und schmilzt bei einer Temperatur von − 12,6 °C (Van Rossen und Van Bleiswijk 1912).

Verbindungen

Verbindungen mit Sauerstoff Bei der Verbrennung von Kalium entstehen *Kaliumperoxid* (K_2O_2) und *Kaliumhyperoxid* (KO_2), die mit weiterem Kalium schließlich zu *Kaliumoxid* (K_2O) reagieren (Holleman et al. 2007, S. 1285, I). Alternativ kann man es – unter Beachtung der Sicherheitsvorschriften! – aus Kalium und Kaliumnitrat erzeugen (II):

$$\text{I} \quad K + O_2 \rightarrow KO_2 \quad \text{und} \quad KO_2 + 3K \rightarrow 2K_2O$$

$$\text{II} \quad 2\,KNO_3 + 10\,K \rightarrow 6\,K_2O + N_2 \uparrow$$

Kommt Kaliumoxid mit Wasser in Kontakt, bildet sich mit energischer Reaktion Kaliumhydroxid bzw. Kalilauge, eine stark alkalische und ätzende Flüssigkeit, die aus der Luft Kohlendioxid anzieht, wodurch sich am Ende Kaliumcarbonat bildet. Kalilauge greift, ebenso wie Natronlauge, unter anderem Fette, unedle Metalle und Glas an. Die mit starken Säuren eintretende Neutralisation muss stets unter Anwendung der persönlichen Schutzausrüstung durchgeführt werden, da diese Reaktionen mit Freisetzung erheblicher Wärmemengen einhergehen, was auch zum Verspritzen der Flüssigkeit führen kann. Aus Kalilauge und Salzsäure erzeugt man Kaliumchlorid, mit Schwefelsäure entsteht Kaliumsulfat usw.

Kaliumhydroxid (KOH) ist ein weißer, stark hygroskopischer Stoff, der bei 360 °C schmilzt und meist in Form von Plätzchen oder Stangen im Handel ist. In Wasser löst es sich unter Freisetzung großer Wärmemenge (ΔHo_L: −57,1 kJ/mol) und bildet Kalilauge. Man gewinnt es heute in der Regel durch Elektrolyse wässriger Lösungen von Kaliumchlorid und deren anschließendes Eindampfen.

Für Kaliumhydroxid bzw. seine wässrige Lösung, die Kalilauge, gibt es viele verschiedene Anwendungen, von denen hier nur die wichtigsten genannt sind. Man nutzt Kalilauge zur Produktion von sowohl Schmierseifen als auch Kaliumphosphat, das noch gelegentlich als Dispergiermittel in Flüssigwaschmitteln enthalten ist. Kaliumhydroxid ist auch Grundstoff bei der Produktion von Gläsern und Farbstoffen.

Man setzt 3 %ige Kalilauge zur Unterscheidung grampositiver und -negativer Bakterien ein. Gramnegative Bakterien bilden nach Kontakt mit der Kalilauge Fäden, grampositive nicht.

Einkristallines Silicium wird mit Kalilauge anisotrop geätzt, um es in Halbleiter zu integrieren. In galvanischen Sauerstoffsensoren sowie Alkali-Mangan-Zellen dient es als Elektrolyt.

In der Lebensmittelindustrie setzt man Kaliumhydroxid als Säureregulator ein, wobei es unter der Bezeichnung E 525 ohne Beschränkung der Höchstmenge zugelassen ist.

Verbindungen mit Halogenen *Kaliumfluorid (KF)* ist ein weißes, hygroskopisches Pulver vom Schmelzpunkt 852 °C, das synthetisch aus Kaliumcarbonat und Flusssäure gewonnen wird. Aus überschüssige Flusssäure enthaltenden Lösungen kristallisiert zunächst sauer reagierendes Kaliumhydrogendifluorid (KHF_2), das man durch Erhitzen in Kaliumfluorid überführen kann (Brauer 1963, S. 236–237).

Bei Raumtemperatur lösen sich in einem Liter Wasser 485 g. Wässrige Kaliumfluoridlösungen reagieren wegen schwacher Hydrolyse leicht basisch. Man verwendet es als Konservierungsmittel für Holz, als Zusatz zu Zementen und Glasuren, in Spuren in Nahrungsergänzungsmitteln, als Zusatz zu Zahnpasta und auch, um Alkylchloride, -bromide und -iodide zu Alkylfluoriden umzusetzen (Vogel et al. 1963).

Kaliumchlorid (KCl) kommt in großen Mengen natürlich vor, meist als Sylvin, Carnallit, Kainit und Sylvinit. Es handelt sich um oft große unterirdische Lagerstätten in Kanada, Deutschland, China und der GUS. Vor allem China plant eine erhebliche Aufstockung seiner Produktionskapazität durch Abbau des insgesamt 240 Mio. t umfassenden Vorkommens in der Wüste Lop Nor; das Produkt soll direkt zu Düngemitteln weiter verarbeitet werden (People's Daily Online 2008).

In der Praxis nutzt man die schlechtere Löslichkeit des Kaliumchlorids verglichen zu Magnesiumchlorid aus, so beim Eindampfen wässriger Lösungen von Carnallit ($KMgCl_3 \cdot 6\,H_2O$). Die Flotation von im Kalibergbau gewonnenen Salzgemischen wird ebenso angewandt, wie auch das Herauslösen des Kaliumchlorids aus Salzmischungen mittels heißen Wassers.

Das von K+S entwickelte ESTA®-Verfahren (ESTA: Elektrostatische Aufbereitung) spart die Bereitung von Lösungen und deren teures Eindampfen. Zunächst wird das bergmännisch gewonnene Rohsalz auf eine Korngröße von 1 mm gemahlen. Dann behandelt man das Salzgemisch mit oberflächenaktiven Substanzen in einem „Fließbett" bei genau definierter Temperatur und Luftfeuchtigkeit, so dass Elektronen von einer Mineralsorte auf die andere überwechseln. Derart geladen, lässt man die Salzkristalle durch einen „Freifallscheider" rieseln; dies ist ein zwischen zwei Elektroden bestehendes Feld hoher Spannung. Die negativ geladenen Kristalle gehen in Richtung der Anode und die positiv geladenen in Richtung der Kathode, so dass sie dermaßen sortiert, unterhalb der Freifallscheider getrennt aufgefangen werden. Das an Kaliumchlorid reiche Konzentrat lädt sich negativ auf und geht in Richtung der Anode (K + S Kali 2015).

Kaliumchlorid bildet farblose Kristalle vom Schmelzpunkt 770 °C. Es ist in der Europäischen Union als Lebensmittelzusatzstoff E 508 ohne Begrenzung der Höchstmenge zugelassen; es dient als Festigungsmittel und Geschmacksverstärker. In großen Mengen nutzt man es zur Produktion von Düngern, auch stellt man andere Kaliumverbindungen aus ihm her. Die Erdölindustrie verwendet es zum Einpumpen in Lagerstätten, die Keramikindustrie als Schwebemittel bei der Herstellung von Emaille. Prinzipiell ist es als Auftausalz für den Straßenverkehr besser einsetzbar als Natriumchlorid, da seine Lösungen in Wasser tiefere Schmelzpunkte haben. (In Nordamerika bevorzugt man dagegen das billigere Calciumchlorid.)

Kaliumchlorid ist Teil synthetischer isotonischer Lösungen, in Zahncremes für schmerzempfindliche Zähne sowie von Elektrolyt- und Aufbewahrungslösung für pH-Messelektroden und Redox-Elektroden. Da das Isotop ${}^{40}_{19}K$ unter anderem β^--Strahlung emittiert, sind normierte Kaliumchloridlösungen Kalibrierstandards für β^--Strahlung.

Kaliumbromid (KBr) ist noch leichter löslich in Wasser (650 g/L), es bildet farblose Kristalle, die bei einer Temperatur von 732 °C schmelzen. Es wird aus Kaliumcarbonat mit Eisen-(I, III)-bromid hergestellt (Holleman et al. 1995, S. 1170), das man im technischen Maßstab aus mit Wasser überschichtetem Eisenschrott und überschüssig anfallendem Brom erzeugt:

$$4K_2CO_3 + Fe_3Br_8 \rightarrow 8KBr + Fe_3O_4 + 4CO_2 \uparrow$$

Im Labor stellt man Kaliumbromid geeigneter aus einer Mischung von Kalilauge, Ammoniakwasser sowie Brom her:

$$6KOH + 3Br_2 + 2NH_3 \rightarrow 6KBr + 6H_2O + N_2 \uparrow$$

Auch die „Bromierung" von Pottasche ist möglich, wobei sich Kaliumbromat abscheidet:

$$3K_2CO_3 + 3Br_2 \rightarrow 5KBr + KBrO_3 \downarrow + 3CO_2 \uparrow$$

Eine Darstellung aus den Elementen Kalium und Brom wäre viel zu teuer und ist ohne Bedeutung.

Zur Produktion von Silberbromid-Emulsionen auf fotografischen Platten und Filmen wird es verwendet, ebenso stellt man aus ihm immer noch die Kaliumbromid-Presslinge für die IR-spektroskopische Untersuchung fester Stoffe her, da es

Infrarotlicht in hohem Maße passieren lässt. Einkristalle aus Kaliumbromid dienen daher auch als Material zur Herstellung von Linsen und Prismen, die in Infrarotspektrometern eingebaut werden.

Ab etwa 1850 nutzte man Kaliumbromid als Mittel zur Beruhigung und gegen Epilepsie, jedoch waren die verabreichten Dosen so hoch, dass die Patienten gelegentlich an Phlegma, Schwindel, Kopfschmerzen, Konzentrationsmangel, Gedächtnisverlust und Halluzinationen litten. Hinzu kamen noch Schnupfen (Bromschnupfen) und Hautekzeme auf. Auch heute noch setzt man Kaliumbromid zur Behandlung einiger selten vorkommender Epilepsien ein, allerdings in wesentlich niedrigerer Dosierung. Als Sedativum (Beruhigungsmittel) wird es heute nicht mehr verwendet.

Kaliumiodid (KI) ist ein ebenfalls farbloses Kristallisat vom Schmelzpunkt 686 °C (Siedepunkt 1330 °C) mit der relativ hohen Dichte von 3,13 g/cm^3. In Wasser löst es sich unter starker Abkühlung. Die Herstellung erfolgt entweder aus Kaliumcarbonat und Iodwasserstoffsäure (I, Brauer 1963, S. 290) oder durch Umsetzung von Kalilauge mit Iod (II):

$$\text{I} \quad 2\,KHCO_3 + 2\,HI \rightarrow 2\,KI + H_2O + CO_2 \uparrow$$

$$\text{II} \quad 6\,KOH + 3\,I_2 \rightarrow 5\,KI + KIO_3 + 3\,H_2O$$

Das bei (II) entstehende Kaliumiodat ist durch Erhitzen ebenfalls in Kaliumiodid überführbar.

Für analytische Zwecke (Volumetrie) setzt man eine wässrige Lösung von Kaliumiodid und Iod ($KI * I_2$) ein, man stellt aus ihm Silberiodid her und setzt es zur Herstellung einiger Medikamente ein. Oxidierend wirkende, giftige Gase und Flüssigkeiten (z. B. Ozon, Chlor, Brom, Wasserstoffperoxid, Stickoxide) weist man mittels des Kaliumiodid-Stärke-Papiers nach, das vor der Untersuchung angefeuchtet wird. Iodid wird von den oben genannten Stoffen zu Iod oxidiert, das mit Stärke zur bekannten tiefblauen Einlagerungsverbindung reagiert.

Kaliumiodidhaltige Tabletten werden in Deutschland, Österreich und in der Schweiz in sehr großer Menge in Apotheken bzw. von Energieversorgern gelagert, um sie im Falle eines Kernreaktorunfalls an die Bevölkerung ausgeben zu können. Die rechtzeitige Einnahme dieser Tabletten verhindert eine Aufnahme des bei diesen Unfällen freigesetzten Isotops $^{131}_{53}I$ in die Schilddrüse fast völlig (Schicha 1994; Reiners 1994). Die im Radius um 50 km um Kernkraftwerke wohnende Bevölkerung der nordwestlichen Schweiz erhält vorbeugend diese Tabletten (Jordi und Henzen 2015). Österreich hält diese Tabletten unter anderem in Apotheken und Krankenhäusern vor. In Deutschland sind nur solche Tabletten in Apotheken erhältlich, die gegen Iodmangel/Kropf wirken. Tabletten zur Vorsorge bei Reaktorunfällen bevorraten die Gemeinden im Umkreis um die Kraftwerke selbst (Spiegel online 2004).

Salze von Sauerstoffsäuren *Kaliumcarbonat (Pottasche,* K_2CO_3*)* ist ein hygroskopisches, weißes Pulver vom Schmelzpunkt 891 °C, das, mit anderen Kaliumsalzen verunreinigt, in großen Lagerstätten in Russland, Kanada, Weißrussland, Eritrea und Israel zu finden ist und auch dort abgebaut wird. Die zahlreichen Anwendungen umfassen beispielsweise die als Zusatz bei der Herstellung von Gläsern, Düngern, Schmierseife, Handwaschseifen und Farbstoffen. Es dient auch als Säureregulator in der Lebensmittelindustrie (sogar für Schnupftabak), als Trennmittel für Gipsabgüsse in der Bildhauerei und als Auftaumittel für Straßen (Falbe und Regitz 1999).

Kaliumsulfat (K_2SO_4) ist ein farbloses, kristallines Salz vom Schmelzpunkt 1069 °C, das als Kalidünger dient und auf verschiedene Arten zugänglich ist, so durch Umsetzung von Kaliumchlorid mit einem Gasgemisch aus Luft, Schwefeldioxid und Wasser (Hargreaves-Verfahren), aus Kaliumchlorid und Schwefelsäure bei einer Temperatur von 700 °C oder aus Kaliumhydroxid und Schwefelsäure.

Kaliumnitrat (KNO_3) ist ein farbloser, kristalliner Feststoff, der bei 334 °C schmilzt und sich oberhalb einer Temperatur von 400 °C unter Abgabe von Sauerstoff und Bildung von *Kaliumnitrit* (KNO_2) zersetzt. Er wurde im 19. Jahrhundert als Kalisalpeter in China und Südostasien in großer Menge abgebaut, bis die Vorkommen erschöpft waren. Heute stellt man es synthetisch aus Salpetersäure und Kaliumcarbonat bzw. -hydroxid her. Eine sehr interessante, aktuelle Anwendung ist die einer Mischung aus 60 Gew.-% Natrium- und 40 Gew.-% Kaliumnitrat, die bereits bei einer Temperatur von 222 °C zu einer niedrigviskosen Flüssigkeit schmilzt. Diese ist bis zu Temperaturen von knapp 600 °C stabil und weist eine extrem hohe Wärmekapazität von 2,8 $MJ/K * m^3$ auf. Deshalb setzt man diese Mischung als Wärmeträger in Sonnenkraftwerken ein. Ein Zusatz des -jedoch giftigen-Natriumnitrits kann den Schmelzpunkt noch weiter, bis auf 140 °C, herabsenken. Wegen der oxidativen Eigenschaften der Salzschmelze ist auf die Auswahl des Materials besonders zu achten.

Analytik K^+ weist man mittels ionenselektiver Elektroden nach, außerdem qualitativ durch Fällung als weißes, schwer wasserlösliches *Kaliumperchlorat* ($KClO_4$). Dieser Nachweis ist aber nicht eindeutig, da auch Rubidium-, Cäsium- und Ammoniumionen weiße, in der Kälte schwer lösliche Niederschläge des Perchlorats geben. Quantitativ lässt sich Kalium gravimetrisch als Hexachloroplatinat-IV oder als Tetraphenylborat-III bestimmen.

In der Routineanalytik (Blut, Umwelt- und Wasserchemie) bestimmt man Kalium bis hinunter zu Spurenmengen (ca. 100 µg/L) mittels Flammenspektrometrie quantitativ, bei der Atomabsorptionsspektrometrie sind bis zu 1 µg/L noch nachzuweisen, mit der Graphitrohrtechnik sogar noch 4 ng/L (Cammann 2001).

Anwendungen Kaliummetall hat außer seiner vereinzelten Anwendung in Form einer eutektischen Natrium-Kalium-Legierung als Kühlflüssigkeit kaum Bedeutung, da es meist durch das billigere Natrium ersetzt werden kann. In Form von Kaliumhyperoxid (KO_2) wird es in Kali-Patronen abgefüllt, die die Atemluft in Unterseebooten regenerieren. Ansonsten ist die Hauptanwendung eindeutig die als Düngemittel in verschiedenster Form.

Physiologie der Pflanzen Die Wirkung des essenziellen Nährstoffes Kalium in Pflanzen ist vielfältig. Es erhöht sowohl den Wurzeldruck als auch den des Zellsafts auf die Zellwand, was die Zellstreckung und Wachstum der Blattfläche bewirkt. Dadurch wird die Aufnahme des zur Photosynthese benötigten Kohlendioxids gefördert und steigert somit den gesamten Stoffwechsel. Ein Mangel an Kalium äußert sich in Gestalt von Chlorosen und Nekrosen zunächst an älteren Blättern, zur Verkümmerung und Verwelkung (Mengel 1991). Dagegen macht sich ein Überschuss an Kalium in Wurzelverbrennungen und gleichzeitigem Mangel von Calcium bzw. Magnesium. Generell ist die Konzentration von Kalium eng mit der des Calciums verbunden

Physiologie des Menschen Kalium ist essenziell und ist Teil der in jeder Zelle ablaufenden physiologischen Prozesse. Hierzu gehören:

- die normale Reizbarkeit der Muskeln sowie die Reizleitung des Herzens (Shieh et al. 2000; Tamargo et al. 2004),
- die Steuerung des Wachstums der Zellen (Niemeyer at al. 2001; Shen et al. 2001)
- die Einstellung eines normalen Blutdrucks (Young et al. 1995; Young und Ma 1999; Krishna 1990; Suter 1998; Tannen 1987)
- die Aufrechterhaltung eines Gleichgewichtes zwischen Säure und Base infolge Beeinflussung der Säureausscheidung durch die Niere (Frassetto et al. 1997, 1998, 2001; Manz et al. 2001; Remer 2000, 2003; Tannen 1987)
- Regulierung der Freisetzung von Hormonen und
- Verwertung von Kohlehydraten und Synthese von Proteinen

Um chronischen bzw. akuten Erkrankungen vorzubeugen (Bluthochdruck, Nierensteine, Osteoporose, Schlaganfälle oder Herzinfarkte), werden einem Erwachsenen tägliche Mindestdosen an Kalium zwischen 2 und 4,7 g empfohlen (Curhan et al. 1997; Hirvonen et al. 1999; Kessler und Hesse 2000; McDonald et al. 2004; Morris et al. 1999; Sellmeyer at al. 2002; Suter 1999). Die durchschnittliche Kaliumaufnahme lag 2008 in Deutschland bei 3,1 g/Tag (Frauen) und 3,6 g/Tag (Männer) (Max-Rubner-Institut).

Eine vorwiegend pflanzliche Ernährung ist für die Aufnahme von Kalium wesentlich geeigneter als tierische, und Natrium wirkt allgemein blutdruckerhöhend, Kalium blutdrucksenkend (Suter et al. 2002; Tobian 1997; Bazzano et al. 2001; Ascherio et al. 1998; Barri und Wingo 1997; Khaw und Barrett-Connor 1984; Siani et al. 1987; Sacks et al. 2001). Eine ideale Diät gegen Bluthochdruck sollte daher Vollkornprodukte, Obst, Gemüse, Geflügel, Fisch und Nüsse enthalten, da sie arm an Kochsalz und gesättigten Fetten ist, dafür aber reichlich Kalium und auch Magnesium und Calcium enthält, deren Wirkung der des Kaliums ähnlich ist (Volmer et al. 2001; Zemel 1997). Geeignet zur Senkung des Blutdrucks ist die DASH-Diät, da sie alle oben genannten Lebensmittel einschließt.

Eine kaliumreiche Ernährung wirkt sich günstig auf den Stoffwechsel der Knochen aus, da höhere Konzentrationen an Kalium das Ausmaß der Ausscheidungen an Calcium verringern, die durch eine salzreiche Kost eingeleitet wird. Genau genommen hält Kalium in den Nieren verstärkt Calcium zurück und lässt es im Körper, so dass es wieder in die Knochen eingebaut werden kann (Harrington und Cashman 2003; Lemann et al. 1991; New et al. 2004). Wichtig sind aber auch die das Kalium begleitenden Anionen, die sonstige Zusammensetzung der Nahrung und das Alter der jeweiligen Person, alles Faktoren, die auf die ionischen Gleichgewichte einschließlich dem zwischen Säure und Base einwirken (Barzel 1995; Frassetto et al. 1996; Lemann 1999; Massey 2003; Morris et al. 1999; Remer und Manz 2001; Remer 2000). Kaliumcitrat wirkt beispielsweise sehr positiv auf den Knochen, indem es die Ausscheidung von Calciumionen aus den Nieren stark zurückdrängt (Jehle 2006; Marangella 2004; Sellmeeyer 2002), so dass eine Therapie mit Kaliumcitrat wirksam gegen Osteoporose eingesetzt werden könnte.

Kaliumionen sind wichtige Elektrolyte und erheblich an der Steuerung der Muskelarbeit beteiligt. Starkes Schwitzen schwemmt Elektrolyte wie Kalium, Calcium und Magnesium aus dem Körper, so dass Krämpfe und Erschöpfung auftreten können. Eine kaliumreiche Ernährung wirkt aber gleichzeitig auch harntreibend, was für Dialysepatienten unbedingt zu beachten ist. Hohe Kaliumkonzentrationen sind beispielsweise in Pilzen, getrockneten Aprikosen, Rote Beete, Bananen, Datteln, Rosinen, Bohnen, Chili, Käse, Spinat und Kartoffeln enthalten (0,2–1,0 g Kalium/100 g Lebensmittel)

5.5 Rubidium

Symbol	Rb		
Ordnungszahl	37		
CAS-Nr.	7440-17-7		
Aussehen	Silbrig-weiß glänzend	Rubidium, unt. Schutzgas (Dnn87 2007)	Rubidium, (Images of Elements 2014)
Entdecker, Jahr	Bunsen und Kirchhoff (Deutschland), 1861		
Wichtige Isotope [natürliches Vorkommen (%)]	Halbwertszeit	Zerfallsart, -produkt	
$^{85}_{37}Rb$ (72, 168)	Stabil	–	
$^{87}_{37}Rb$ (27, 832)	$4{,}81 \cdot 10^{10}$ a	$\beta^- > ^{87}_{38}Sr$	
Massenanteil in der Erdhülle (ppm)		29	
Atommasse (u)		85,468	
Elektronegativität (Pauling ♦ Allred&Rochow ♦ Mulliken)		0,82 ♦ o. g. ♦ K. A.	
Normalpotential für: $Rb^+ + e^- > Rb$ (V)		−2,924	
Atomradius (pm)		235	
Van der Waals-Radius (pm)		303	
Kovalenter Radius (pm)		220	
Ionenradius (Rb^+, pm)		148	
Elektronenkonfiguration		[Kr] 5 s^1	
Ionisierungsenergie (kJ/mol), erste		403	
Magnetische Volumensuszeptibilität		$3{,}8 \cdot 10^{-6}$	
Magnetismus		Paramagnetisch	
Kristallsystem		Kubisch-raumzentriert	
Elektrische Leitfähigkeit([A/(V • m)], bei 300 K)		$7{,}52 \cdot 10^6$	
Elastizitäts- ♦ Kompressions- ♦ Schermodul (GPa)		2,4 ♦ 2,5 ♦ 0,91	
Vickers-Härte ♦ Brinell-Härte (MPa)		Keine Angabe ♦ 0,216	
Mohs-Härte		0,3	
Schallgeschwindigkeit (longitudinal, m/s, bei 298,15 K)		1450	
Dichte (g/cm^3, bei 293,15 K)		1,532	
Molares Volumen (m^3/mol, im festen Zustand)		$55{,}76 \cdot 10^{-6}$	
Wärmeleitfähigkeit [W/(m • K)]		58	

Spezifische Wärme [J/(mol • K)]	31,06
Schmelzpunkt (°C ♦ K)	39,31 ♦ 312,46
Schmelzwärme (kJ/mol)	2,19
Siedepunkt (°C ♦ K)	688 ♦ 961,2
Verdampfungswärme (kJ/mol)	69

Vorkommen Rubidium bildet nur wenige eigene Minerale wie Rubiklin (Gruppe: Feldspate, $Rb[AlSi_3O_8]$) oder Voloshinit (Gruppe: Glimmer, $[Rb(LiAl_{1.5}Vakanz_{0.5})(Al_{0.5}Si_{3.5})O_{10}F_2]$, die erst vor wenigen Jahren entdeckt wurden. In folgenden Mineralen ist es in Höchstkonzentrationen von 1,5 Gew.-% enthalten: Leucit (Gruppe: Gerüstsilikate, Familie: Zeolithe), $KAlSi_2O_6$), Pollucit $[(Cs, Na)_2Al_2Si_4O_{12} \cdot H_2O]$ oder Zinnwaldit. In der Häufigkeitsliste der Elemente liegt es mit einer Konzentration in der Erdkruste von 29 ppm aber immerhin auf Platz 16.

Gewinnung Rubidium wurde 1861 von Bunsen und Kirchhoff bei der spektroskopischen Untersuchung der Bad Dürkheimer Maxquelle entdeckt. Darauf fällten sie Rubidium (und auch Cäsium) aus. Zur Gewinnung von 9 g *Rubidiumchlorid (RbCl)* mussten sie 44,2 t (!) Mineralwasser verarbeiten (Bunsen und Kirchhoff 1861).

Die Gewinnung durch Schmelzflusselektrolyse ist zwar möglich, jedoch stellt man das Metall meist mittels Reduktion von *Rubidiumhydroxid (RbOH)* mit Magnesium bzw. Calcium oder aber durch Umsetzung von Rubidiumdichromat mit Zirkonium bei Temperaturen um 500 °C im Hochvakuum her (Spektrum Akademischer Verlag):

$$Rb_2Cr_2O_7 + 2Zr \rightarrow 2Rb + 2ZrO_2 + Cr_2O_3$$

Alternativ ist auch die Herstellung aus Rubidiumchlorid und Calcium im Vakuum möglich.

Eigenschaften Rubidium ist das erste Alkalimetall mit einer Dichte > 1 g/cm^3, aber trotzdem immer noch eindeutig ein Leichtmetall. Es ist an der Luft selbstentzündlich und reagiert äußerst heftig mit Wasser und Nichtmetallen. Rubidium muss daher unter getrocknetem Mineralöl, im Vakuum oder unter Inertgas aufbewahrt werden.

Mit Quecksilber bildet es ein Amalgam, mit den Metallen Gold, Cäsium, Natrium und Kalium ist es legierbar. Rubidium und seine Verbindungen färben Flammen dunkelrot, woher auch der Name des Elements kommt. Metallisches Rubidium ist ein extrem starkes Reduktionsmittel.

Verbindungen

Verbindungen mit Chalkogenen Rubidiumoxid (Rb_2O) ist ein gelber, kristalliner Feststoff der hohen Dichte von 4 g/cm³. Mit Wasser reagiert erheftig zu *Rubidiumhydroxid (RbOH)*:

$$Rb_2O + H_2O \rightarrow 2RbOH$$

Alternativ kann man es durch Komproportionieren mittels metallischen Rubidiums darstellen:

$$2Rb + 2RbOH \rightarrow 2Rb_2O + H_2 \quad \text{oder} \quad 10Rb + 2RbNO_3 \rightarrow 6Rb_2O + N_2 \uparrow$$

Verbrennen von Rubidium an der Luft liefert hauptsächlich *Rubidiumhyperoxid (RbO_2)* und auch -peroxid (Rb_2O_2). Reines Rubidiumhyperoxid ist durch Oxidation von Rubidium in flüssigem Ammoniak bei Temperaturen um − 50 °C zugänglich (Brauer 1978, Band II, S. 955). Es ist ein oranger Feststoff und lässt sich durch Wasserstoff in der Wärme leicht zu Rubidiumhydroxid reduzieren. Es zersetzt sich zudem in der Wärme (Kraus und Petrocelli 1962) und schmilzt bei einer Temperatur von 412 °C.

Rubidiumhydroxid zeigt ähnliche chemische Eigenschaften wie Natrium- oder Kaliumhydroxid, ist jedoch eine noch stärkere Base als jene. Es schmilzt bei einer Temperatur von 301 °C und reagiert mit Kohlendioxid schnell unter Bildung von Rubidiumcarbonat. Man verwendet es als Katalysator in oxidativen Chlorierungen oder als starke Base. Möglich ist auch der Einsatz als Elektrolyt für Akkumulatoren, die bei niedrigen Temperaturen eingesetzt werden (Patnaik 2003).

Verbindungen mit Halogenen Rubidiumfluorid (RbF) ist ein weißer, kristalliner und giftiger Feststoff vom Schmelzpunkt 795 °C. Bei 18 °C lösen sich 1306 g in einem Liter Wasser. Es sind auch saure Fluoride (z. B. $HRbF_2$) dargestellt worden (Forcrand 1911).

Rubidiumchlorid (RbCl) ist ebenfalls ein weißer Feststoff vom Schmelzpunkt 715 °C; die Flüssigkeit siedet bei 1390 °C. Seine Standardbildungsenthalpie ist, wie angesichts der beiden hochreaktiven elementaren Bestandteile zu erwarten, stark negativ ($\Delta_f H^0_{298}$: −430,86 kJ/mol, Dickerson et al. 1988). Man nutzte es früher wie die höheren Halogenide, Rubidiumbromid und -iodid, als Schmerz- und Beruhigungsmittel sowie als Antidepressivum (Erdmann 1900). $^{82}_{37}$Rb-Rubidiumchlorid setzt man als Tracer zur Myokardszintigrafie ein (Krukemeyer und Wagner 2004).

Das bei Raumtemperatur ebenfalls sehr leicht wasserlösliche (1048 g pro Liter Wasser bei 16 °C) *Rubidiumbromid (RbBr)* bildet ebenfalls farblose Kristalle, die bei 682 °C schmelzen.

Rubidiumiodid (RbI) ist auch ein weißer, kristalliner Feststoff, der bei einer Temperatur von 645 °C schmilzt; die Schmelze siedet bei 1300 °C. Es wird als Schmerz- und Beruhigungsmittel sowie als Antidepressivum eingesetzt. In Augentropfen ist es unter dem Namen Rubjovit® und Polijodurato® im Handel, jedoch werden Nebenwirkungen wie die Auslösung von Allergien und Entzündungen diskutiert (Dickerson et al. 1988).

Verbindungen mit Sauerstoffsäuren *Rubidiumnitrat* ($RbNO_3$) ist ein weißer, kristalliner, stark hygroskopischer, leicht in Wasser löslicher (443 g/L bei 16 °C), bei 310 °C schmelzender Feststoff.

Rubidiumsulfat (Rb_2SO_4) löst sich ebenfalls gut in Wasser (bei 0 °C 364 g/L, bei 100 °C 826 g/L) (Abegg und Auerbach 1908). Durch anodische Oxidation einer schwefelsauren Lösung von Rubidiumsulfat entsteht bei niedriger Temperatur *Rubidiumperoxodisulfat* ($Rb_2S_2O_8$).

Rubidiumperchlorat ($RbClO_4$) ist wie das Kaliumanalogon in der Kälte schwer in Wasser löslich, in der Hitze jedoch leichter und kann zur Trennung des Kaliums von Rubidium eingesetzt werden.

Rubidiumhydrid (RbH) entsteht durch Reaktion von Rubidium und Wasserstoff (Abegg und Auerbach 1908) oder durch Erhitzen von Rubidiumcarbonat mit Magnesium im Wasserstoffstrom (Mellor 1962):

$$2Rb + H_2 \rightarrow 2RbH \quad Rb_2CO_3 + Mg + H_2 \rightarrow 2RbH + MgO + CO_2 \uparrow$$

Beim Erhitzen im Vakuum zersetzt sich das sehr reaktive Rubidiumhydrid in die Elemente. In Wasser zersetzt es sich sofort (I), mit Halogenwasserstoff (HX) bildet sich das jeweilige Rubidiumhalogenid (RbX) (II) und mit Kohlendioxid entsteht Rubidiumformiat (III)

$$\text{I} \quad RbH + H_2O \rightarrow RbOH + H_2 \uparrow$$

$$\text{II} \quad RbH + HX \rightarrow RbX + H_2 \uparrow$$

$$\text{III} \quad RbH + CO_2 \rightarrow HC(O)ORb$$

Mit Halogenen reagiert es äußerst heftig zum jeweiligen Halogenid und Halogenwasserstoff (Moissan 1903). Metalloxide kann es zum Metall reduzieren.

Rubidiumselenid (Rb_2Se) ist aus elementarem Rubidium und Quecksilberselenid herstellbar (Bergmann 1937), aus Rubidium und Selen selbst in flüssigem Ammoniak (Mellor 1963). Man setzt es zusammen mit Caesiumselenid in photovoltaischen Zellen ein; es bildet farblose, stark hygroskopische Kristalle vom Schmelzpunkt 733 °C.

Analytik In der qualitativen Analytik dient die rotviolette Flammenfärbung des Elements als Nachweis; das emittierte Licht zeigt eine deutliche Spektrallinie bei 780,0 nm. Quantitativ lässt sich dies in der Flammenphotometrie zur Bestimmung von Rubidiumspuren nutzen. Polarographisch ist Rubidium wegen seines dem des Kaliums, Cäsiums, Bariums etc. sehr ähnlichen Halbstufenpotentials nur bei Anwendung tetraalkylammoniumhaltiger Elektrolyte zu bestimmen (Heyrovský und Kůta 1965).

Anwendungen und Physiologie Es gibt nur wenige Anwendungen für Rubidium und seine Verbindungen. Das Metall ist als Getter in Vakuumröhren einsetzbar, zur Beschichtung von Kathoden, in Rubidiumuhren (Zeitstandard, Alternative zur Cäsiumuhr) und in Purpurfarben erzeugendem Feuerwerk.

Für einige wenige Stoffwechselvorgänge ist Rubidium wohl für Säugetiere essenziell, nicht dagegen für Pflanzen. Der tägliche Bedarf des Menschen an Rubidium ist geringer als 100 µg und wird leicht durch die gewöhnliche Ernährung mit ca. 1,5 mg/d gedeckt. Tee und Kaffee können allein fast die Hälfte des Bedarfes decken, so hat die Arabica-Kaffeebohne den höchsten je für Lebensmittel analysierten Gehalt (25,5–182 mg Rubidium/kg Trockensubstanz; Illy und Viani 2005). Rubidium beeinflusst die Wirkung von Neurotransmittern (Krachler und Wirnsberger 2000), daher diskutiert man die Anwendung von Rubidium als Antidepressivum.

5.6 Cäsium

Symbol	Cs		
Ordnungszahl	55		
CAS-Nr.	7440-46-2		
Aussehen	Silberweiß bis goldgelb glänzend, metallisch	Cäsium, in Ampulle (Manske 2007)	Cäsium, in Ampulle (Sicius 2015)
Entdecker, Jahr	Bunsen und Kirchhoff (Deutschland), 1861 Setterberg (Schweden), 1881		
Wichtige Isotope [natürliches Vorkommen (%)]	Halbwertszeit	Zerfallsart, -produkt	
$^{133}_{55}Cs$ (100)	Stabil	–	
Massenanteil in der Erdhülle (ppm)		6,5	
Atommasse (u)		132,905	
Elektronegativität (Pauling ♦ Allred&Rochow ♦ Mulliken)		0,79 ♦ o. g. ♦ o. g.	
Normalpotential für: $Cs^{+}+e^{-}>Cs$ (V)		−2,923	
Atomradius (pm)		265	
Van der Waals-Radius (pm)		343	
Kovalenter Radius (pm)		244	
Ionenradius (Cs^{+}, pm)		169	
Elektronenkonfiguration		[Xe] 6 s^1	
Ionisierungsenergie (kJ/mol), erste		376	
Magnetische Volumensuszeptibilität		$5{,}2 \cdot 10^{-6}$	
Magnetismus		Paramagnetisch	
Kristallsystem		Kubisch-raumzentriert	
Elektrische Leitfähigkeit([A/(V • m)], bei 300 K)		$4{,}76 \cdot 10^{6}$	
Elastizitäts- ♦ Kompressions- ♦ Schermodul (GPa)		1,7 ♦ 1,6 ♦ 0,65	
Vickers-Härte ♦ Brinell-Härte (MPa)		Keine Angabe ♦ 0,14	
Mohs-Härte		0,2	
Schallgeschwindigkeit (longitudinal, m/s, bei 298,15 K)		1080	
Dichte (g/cm³, bei 293,15 K)		1,90	
Molares Volumen (m³/mol, im festen Zustand)		$70{,}94 \cdot 10^{-6}$	
Wärmeleitfähigkeit [W/(m • K)]		36	
Spezifische Wärme [J/(mol • K)]		32,21	
Schmelzpunkt (°C ♦ K)		28,44 ♦ 301,59	
Schmelzwärme (kJ/mol)		2,09	
Siedepunkt (°C ♦ K)		690 ♦ 963,2	
Verdampfungswärme (kJ/mol)		66,1	

Vorkommen Cäsium ist mit einem Anteil von nur 3 ppm in der kontinentalen Erdkruste nach Francium das seltenste Alkalimetall. Wegen seiner extremen Reaktivität kommt es nur in Form seiner chemischen Verbindungen vor. In manchen Mineralien anderer Alkalimetalle (z. B. Lepidolith) tritt es als Begleitelement auf, es gibt aber auch echte Cäsiumminerale wie Pollucit [$(Cs, Na)_2Al_2Si_4O_{12} \cdot H_2O$], von dem nennenswerte Vorkommen am Bernic Lake (Provinz Manitoba, Kanada) oder auch in Bikita (Simbabwe) und in Namibia existieren. In der kanadischen Lagerstätte wird das Mineral auch abgebaut (Tuck 2015). Weitere, noch seltenere Cäsiumminerale sind Cesstibtantit [$(Cs, Na)SbTa_4O_{12}$] und Pautovit ($CsFe_2S_3$).

Generell sind Cäsium und Rubidium ausführlich von Perelman (1965) beschrieben worden.

Herstellung Cäsium wurde fast zeitgleich mit Rubidium 1861 von Bunsen und Kirchhoff entdeckt, da sie seine Salze aus Bad Dürkheimer Mineralwasser in einer sehr aufwändigen Prozedur isolierten. Die schweren Alkalimetalle Kalium, Rubidium und Cäsium wurden mittels Platin-IV-chlorid als Hexachloroplatinate gefällt, von denen das des Kaliums durch Auflösen in heißem Wasser entfernt werden konnte. Reduktion mit Wasserstoff ergab eine Lösung von Rubidium- und Cäsiumchlorid, die mit Sodalösung behandelt wurden. Die daraufhin ausfallenden Carbonate wurden durch ihre unterschiedliche Löslichkeit in wasserfreiem Ethanol getrennt. Die von Cäsium emittierte himmelblaue Spektrallinie gab dem Element seinen Namen (Bunsen und Kirchhoff 1861).

Elementares Cäsium konnte erst 1881 durch Schmelzflusselektrolyse von Cäsiumcyanid dargestellt werden (Setterberg 1881).

Heute stellt man Cäsium und seine Verbindungen weltweit in Mengen von deutlich unter 100 t jährlich her. Pollucit schließt man mit Säuren oder Basen auf. Aus der sich dabei bildendeni cäsium- und aluminiumhaltigen Lösung gewinnt man durch Anwendung diverser Verfahren (Fällung, Ionenaustausch oder Extraktion) die reinen Cäsiumsalze. Metallisches Cäsium erhält man durch Reduktion von Cäsiumhalogeniden mit Calcium oder Barium, wobei es abdestilliert und in Kühlern aufgefangen wird. Analog zum Rubidium kann man alternativ Cäsiumdichromat mit Zirkonium bei hoher Temperatur umsetzen.

Reinstes Cäsium erhält man durch Thermolyse von Cäsiumazid (Blatter und Schuhmacher 1986).

Eigenschaften

Physikalische Eigenschaften Cäsium ist das schwerste stabile Alkalimetall, extrem reaktiv, sehr weich, goldfarben, in sehr reinem Zustand silbrig glänzendes Metall. Es muss in abgeschmolzenen Glasampullen unter Inertgas aufbewahrt werden, da es sich an der Luft sofort entzündet. Cäsium ist ein Leichtmetall einer

Dichte von 1,873 g/cm³. Sein bei einer Temperatur von 28,7 °C liegender Schmelzpunkt ist abgesehen von dem des Franciums der niedrigste aller Alkalimetalle und zudem nach Quecksilber zusammen mit Gallium den niedrigsten Schmelzpunkte von Metallen überhaupt.

Cäsium ist sehr weich (Mohs-Härte: 0,2), dehnbar und kristallisiert kubisch-raumzentriert. Bei Anwendung von Drücken >41 kbar erfolgt Umwandlung in eine kubisch-flächenzentrierte Kristallstruktur (Bick und Prinz 2005). Mit allen Alkalimetallen außer Lithium ist es in jedem Verhältnis mischbar. Die Metalllegierung mit dem bislang niedrigsten Schmelzpunkt (−78 °C) enthält 41 Gew.-% Cäsium, 12 Gew.-% Natrium und 47 Gew.-% Kalium (Holleman et al. 2007, S. 1274).

Kernphysikalische Eigenschaften In der Natur kommt nur das Isotop $^{133}{}_{55}Cs$ vor, somit ist Cäsium ein Reinelement. Die künstlich hergestellten Isotope haben Halbwertszeiten zwischen 17 µs ($^{113}{}_{55}Cs$) und 2,3 Mio. d ($^{135}{}_{55}Cs$) (Audi et al. 2003).

Das wichtigste künstlich hergestellte Isotop ist wohl $^{137}{}_{55}Cs$, das entweder bei der Kernspaltung in Atomreaktoren oder durch Zerfall anderer kurzlebiger Spaltprodukte wie $^{137}{}_{53}I$ oder $^{137}{}_{54}Xe$ entsteht. $^{137}{}_{55}Cs$ erleidet mit einer Halbwertszeit von 30,17 a β^-Zerfall (Unterweger 2002), an dessen Ende das stabile Isotop des Bariums $^{137}{}_{56}Ba$ steht. $^{137}{}_{55}Cs$ ist auch ein γ-Strahler und wird daher in der Strahlentherapie von Krebserkrankungen, zur Messung der Fließgeschwindigkeit in Röhren und zur Dickenprüfung etwa von Papier, Filmen oder Metall verwendet.

In erheblichen Mengen wurde – neben anderen radioaktiven Cäsiumisotopen – $^{137}{}_{55}Cs$ bei den Reaktorunglücken von Fukushima und Tschernobyl ($8,5 * 10^{16}$ Bq) freigesetzt. Die zusätzlich bei allen oberirdischen Kernwaffentests ausgesandte Aktivität an $^{137}{}_{55}Cs$ belief sich auf weitere 9,48 * 1017 Bq (United Nations 2011). Der in den Tagen nach dem Unglück über Westeuropa niedergehende Fallout bewirkte vor allem eine Anreicherung von Cäsium in Pilzen (Aumann et al. 1989; Kuad et al. 2009).

Chemische Eigenschaften Das Cäsiumatom hat neben dem des Franciums den größten Radius aller Elementatome; hieraus resultieren eine sehr niedrige Ionisierungsenergie und somit die sehr hohe Reaktivität des Elements (Binnewies 2003, S. 49–53). In seinen Verbindungen tritt es ausschließlich in der Oxidationsstufe +1 auf. Reaktionen des Cäsium verlaufen meist sehr heftig, so entzündet es sich beim Kontakt mit Sauerstoff sofort und bildet wie Kalium und Rubidium das entsprechende Hyperoxid (CsO_2).

Mit Wasser reagiert es so heftig, dass es schon beim Kontakt mit diesem explodiert; es reagiert sogar bei einer Temperatur von −116 °C mit Eis:

$$2Cs + 2H_2O \rightarrow 2CsOH + H_2 \uparrow$$

Der „Druck", ein Elektron abzugeben, ist beim Cäsiumatom so groß, dass es beim Erhitzen mit Gold keine gewöhnliche Metalllegierung bildet, sondern den Cs^+- und Au^--Ionen enthaltenden Halbleiter Cäsiumaurid (CsAu) (Sitzmann 2011).

Verbindungen

Verbindungen mit Halogenen Die Cäsiumhalogenide (CsX) sind alle gut in Wasser löslich. Im Kristallgitter des *Cäsiumchlorids (CsCl)* ist jedes Cäsiumion von acht Chloridionen und umgekehrt umgeben (Ganesan und Girijajan 1986). In diesem Gittertyp kristallisieren auch die anderen Cäsiumhalogenide außer *Cäsiumfluorid (CsF)*. Aus Cäsiumchlorid stellt man metallisches Cäsium her. Es neigt zudem zur Ausbildung hoher Dichtegradienten in wässrigen Lösungen, wenn diese über mehrere Stunden hinweg zentrifugiert werden; somit nutzt man es als Hilfsmittel zur Trennung und Reinigung der DANN in der Ultrazentrifuge. Aus Kristallen von *Cäsiumbromid (CsBr)* stellt man Fenster und Prismen für die FIR-Spektroskopie und auch für Szintillationszähler her (Milne 2005).

Verbindungen mit Sauerstoff Es gibt viele Cäsiumoxide, beginnend mit den violetten bzw. blaugrünen Suboxiden wie $Cs_{11}O_3$ und Cs_3O, die elektrisch leitfähig sind.

Daneben existiert das „normale" (stöchiometrische) *Cäsiumoxid* (Cs_2O), ein oranger bis roter Feststoff der Dichte 4,65 g/cm³, der an der Luft sofort zerfließt und mit Wasser sehr heftig zu *Cäsiumhydroxid (CsOH)* reagiert. Aus den Elementen ist Cäsiumoxid nicht synthetisierbar, sondern nur durch Umsetzung von *Cäsiumperoxid* (Cs_2O_2) mit Cäsium (I) oder -unter Beachtung der Sicherheitsvorschriften- von Cäsiumnitrat mit -azid (II):

$$\text{I} \quad Cs_2O_2 + Cs \rightarrow 2\,Cs_2O$$

$$\text{II} \quad CsNO_3 + 5\,CsN_3 \rightarrow 3\,Cs_2O + 8\,N_2\uparrow$$

Cäsiumoxid ist ein katalytisch wirkender Zusatz zu Vanadiumoxid-Titanoxid-Katalysatoren, die man für in der Gasphase ablaufende Oxidationsreaktionen einsetzt, beispielsweise für die Umwandlung aromatischer Kohlenwasserstoffe in Carbonsäuren und deren Derivate (Rosowski et al. 2006).

Aus mit Silberpartikeln dotiertem Cäsiumoxid werden Beschichtungen für Fotokathoden hergestellt (Sayama, 1948).

Daneben sind noch *Cäsiumperoxid* (Cs_2O_2), das *Cäsiumhyperoxid* (CsO_2) und das *-ozonid* (CsO_3) charakterisiert. Cäsiumperoxid ist ein in reinstem Zustand farbloser, sonst gelber, feuchtigkeitsempfindlicher, sehr harter Feststoff, der mit Wasser zu Wasserstoffperoxid und Cäsiumhydroxid reagiert. Sein Schmelzpunkt liegt bei 590 °C, allerdings beginnt bereits beim Erhitzen die Zersetzung zu Cäsiumoxid und Sauerstoff. Cäsiumhyperoxid setzt sich mit Wasser zu Sauerstoff, Wasserstoffperoxid und *Cäsiumhydroxid (CsOH)* um. Letzteres ist ein stark hygroskopischer, weißer Feststoff, der sich gut in Wasser unter Bildung einer starken Base löst.

Weitere Cäsiumverbindungen *Cäsiumcarbonat* (Cs_2CO_3) ist ein weißer Feststoff, der sich in großen Mengen in Wasser (2615 g/L bei 15°C!) und diversen organischen Solventien löst. Die Verbindung ist erwarteterweise auch wasseranziehend. Es findet in diversen organischen Synthesen als Base Anwendung (Flessner und Doye 1999).

Cäsiumnitrat ($CsNO_3$) wird in größeren Mengen zur Produktion militärischer Leuchtmunition und zur Erzeugung von Infrarottarnnebeln verwendet (Koch 2002; Lohkamp 1973). Letztere werden bei Zusatz von Cäsiumionen dichter (aerosolhaltiger).

Anwendungen Für Cäsium gibt es nur wenige Einsatzgebiete. Aufgrund seiner geringen Ionisierungsenergie ist es als Material für Glühkathoden denkbar. Die Raumfahrttechnik nutzt Cäsium neben Quecksilber und Xenon wegen seiner großen Atommasse als Antriebsmittel in Ionenantrieben.

Das Reinelement Cäsium ist das die Frequenz bestimmende Element in den Atomuhren, die die Basis für die koordinierte Weltzeit darstellen (Bauch 1994), begünstigend hierfür ist die niedrige Verdampfungstemperatur, aus dem leicht en Atomstrahl konstanter Geschwindigkeit erzeugt werden kann. Diese Atomwolke kann man mittels magnetooptischer Fallen in der Schwebe halten und auf Temperaturen nahe des absoluten Nullpunkts abkühlen. So war es möglich, die Genauigkeit der Cäsium-Atomuhr noch stark zu verbessern.

Analytik Die bei Wellenlängen von 455 und 459 nm auftretenden, blauen Spektrallinien sind charakteristisch. Daneben kann man Cäsium qualitativ über sein Perchlorat ($CsClO_4$) und Hexachloroplatinat (Cs_2PtCl_6) nachweisen.

Anwendungen Cäsium ist nicht essenziell und nicht für irgendwelche biologischen Prozesse erforderlich. Wegen seiner Ähnlichkeit zu Kalium wird es im Magen-Darm-Trakt resorbiert und meist im Muskelgewebe gespeichert. Cäsium zeigt keinen nennenswert toxischen Wirkungen.

5.7 Francium

Symbol	Fr	
Ordnungszahl	87	
CAS-Nr.	7440-73-5	
Aussehen	Unbekannt, wahrscheinlich metallisch	
Entdecker, Jahr	Perey (Frankreich), 1939	
Wichtige Isotope [natürliches Vorkommen (%)]	Halbwertszeit	Zerfallsart, -produkt
${}^{222}_{87}Fr$ (synthetisch)	14,2 m	$\beta^- > {}^{222}_{88}Ra$
${}^{223}_{87}Fr$ (100)	21,8 m	$\alpha > {}^{219}_{85}At$/ $\beta^- > {}^{223}_{88}Ra$
Massenanteil in der Erdhülle (ppm)		$1{,}3 \cdot 10^{-18}$
Atommasse (u)		(223)
Elektronegativität (Pauling ♦ Allred&Rochow ♦ Mulliken)		0,7 ♦ 0,9 ♦ o. g.
Normalpotential für: $Fr^+ + e^- > Fr$ (V)		−2,92*
Atomradius (pm)		270*
Van der Waals-Radius (pm)		348*
Kovalenter Radius (pm)		260*
Ionenradius (Fr^+, pm)		176*
Elektronenkonfiguration		[Rn] 7 s^1
Ionisierungsenergie (kJ/mol), erste ♦ zweite ♦ dritte		393*
Magnetische Volumensuszeptibilität		Keine Angabe
Magnetismus		Paramagnetisch
Kristallsystem		Kubisch-raumzentriert
Schallgeschwindigkeit (longitudinal, m/s, bei 298,15 K)		Keine Angabe
Dichte (g/cm^3, bei 293,15 K)		2,5*
Molares Volumen (m^3/mol, im festen Zustand)		$89{,}2 \cdot 10^{-6}$*
Wärmeleitfähigkeit [W/(m · K)]		14,5
Spezifische Wärme [J/(mol · K)]		Keine Angabe
Schmelzpunkt (°C ♦ K)		27 ♦ 300*
Schmelzwärme (kJ/mol)		2*
Siedepunkt (°C ♦ K)		677 ♦ 950*
Verdampfungswärme (kJ/mol)		65*

* Geschätzte bzw. vorhergesagte Werte

Vorkommen und Herstellung Francium kommt in winzigen Spuren in der Erdkruste vor. Das Isotop ${}^{223}_{87}Fr$ konnte erst 1939 als Zerfallsprodukt des Actiniumisotops ${}^{227}_{89}Ac$ nachgewiesen werden. 1946 erhielt das Element den Namen Francium (Hyde 1960).

Eigenschaften Alle Isotope des Franciums sind radioaktiv mit sehr kurzer Halbwertszeit, womit es innerhalb der Gruppe der Elemente bis hinauf zur Ordnungszahl 104 die instabilsten Atome besitzt. Das noch „langlebigste“ Francium-Isotop $^{223}_{87}Fr$ zerfällt mit einer Halbwertszeit von nur 21,8 min (!). Deshalb, und weil kaum geeignete Zerfallswege existieren, die die Gewinnung größerer Mengen des Elements gestatteten, ist eine Herstellung in messbaren Mengen bisher unmöglich. Zerfallsprodukte sind in der Regel Isotope des Radons, Astats oder Radiums. Bisher konnte man nur verdünnte Salzlösungen oder stark verdünnte Amalgame untersuchen (Hyde 1960)

Das Element ist das schwerste der Alkalimetalle und besitzt überraschenderweise jedoch eine leicht höhere erste Ionisierungsenergie als das Cäsiumatom.

Erste Versuche zeigen aber, dass Francium ein typisches Alkalimetall ist und seinem leichteren Homologon Cäsium sehr ähnlich ist. Es tritt stets in der Oxidationsstufe + 1 auf und lässt sich wie Cäsium in Form schwerlöslicher Salze, z. B. als Perchlorat, Tetraphenylborat und Hexachloroplatinat, ausfällen (8–9). Franciumverbindungen verhalten sich weitestgehend wie die des Cäsiums. Die meisten physikalischen Eigenschaften können aber nur extrapoliert oder geschätzt werden, da beinahe nie mehr als 100.000 Atome für Experimente zur Verfügung stehen werden.

Literatur

R. Abegg, F. Auerbach, *Handbuch der Anorganischen Chemie*, Bd. 2 (Verlag S. Hirzel, Stuttgart, 1908), S. 431

J.-H. Also, P. Boudjouk, Hexamethyldisilathiane. Inorg. Synth. **29**, 30 (1992)

American Heart Association, *The American Heart Association's Diet and Lifestyle Recommendations* (Dallas, Texas 2015), zuletzt geändert August 2015. Zugegriffen: 13. Sept. 2015

A. Ascherio et al., Intake of potassium, magnesium, calcium, and fiber and risk of stroke among US men. Circulation. **98**(12), 1198–1204 (1998)

G. Audi et al., The NUBASE evaluation of nuclear and decay properties. Nucl. Phys. A. **729**, 3–128 (2003)

D.C. Aumann et al., Komplexierung von Cäsium-137 durch die Hutfarbstoffe des Maronenröhrlings (Xerocomus badius). Angew. Chem. **101**(4), 495–496 (1989)

Y.M. Barri, C.S. Wingo, The effects of potassium depletion and supplementation on blood pressure: a clinical review. Am. J. Med. Sci. **314**(1), 37–40 (1997)

U.S. Barzel, The skeleton as an ion exchange system: implications for the role of acid-base imbalance in the genesis of osteoporosis. J. Bone Miner. Res. **10**(10), 1431–1436 (1995)

A. Bauch, Lieferanten der Zeit. Phys. Unserer Z. **25**(4), 188–198 (1994)

L.A. Bazzano et al., Dietary potassium intake and risk of stroke in US men and women: National Health and Nutrition Examination Survey I epidemiologic follow-up study. Stroke. **32**(7), 1473–1480 (2001)

J.-F. Bergier, J. Grub, *Die Geschichte vom Salz* (Campus, Frankfurt a. M., 1989), ISBN 3-593-34089-5

A. Bergmann, Über die Darstellung und Eigenschaften von Caesium-und Rubidium-Sulfid, Selenid und Tellurid. Zeitschr. Anorg. Allg. Chem. **231**(3), 269–280 (1937)

M.J. Berridge, Inositol trisphosphate and diacylglycerol as second messengers. Biochem. J. **220**(2), 345–360 (1984)

M. Bick, H. Prinz, *Cesium and Cesium Compounds*, *Ullmann's Encyclopedia of Industrial Chemistry* (Wiley-VCH, Weinheim, 2005)

M. Binnewies, *Allgemeine und Anorganische Chemie* (Spektrum Verlag, Wiesbaden, 2006a), S. 241

M. Binnewies, *Allgemeine und Anorganische Chemie* (Spektrum Verlag, Wiesbaden, 2006b), S. 49–53

H. Sicius, *Wasserstoff und Alkalimetalle: Elemente der ersten Hauptgruppe*, essentials, DOI 10.1007/978-3-658-12268-3

F. Blatter, E. Schuhmacher, Production of high purity Cäsium. J. Less Common Metals. **115**(2), 307–313 (1986)

W.P. Bolen, U.S. Geological Survey: Mineral Commodity Summaries: Salt (U. S. Department of the Interior, Washington D. C., USA, Januar 2015)

G. Brauer, *Handbook of Preparative Inorganic Chemistry*, 2. Aufl., Bd. 1 (Academic Press, Waltham, 1963a), S. 236–237

G. Brauer, *Handbook of Preparative Inorganic Chemistry*, 2. Aufl., Bd. 1 (Academic Press, Waltham, 1963b), S. 290

G. Brauer, *Handbuch der Präparativen Anorganischen Chemie*, Bd. 2 (Enke Verlag, Stuttgart, 1978a), S. 951, ISBN 3-432-87813-3

G. Brauer, *Handbuch der Präparativen Anorganischen Chemie*, Bd. 2 (Enke Verlag, Stuttgart, 1978b), S. 955, ISBN 3-432-87813-3

H. Breuer, *dtv-Atlas Chemie*, Bd. 1, 9. Aufl. (Deutscher Taschenbuch Verlag, München, 2000), ISBN 3-423-03217-0

R. Brückner, *Reaktionsmechanismen*, 3. Aufl. (Spektrum Akademischer Verlag, Heidelberg, 2004), ISBN 3-8274-1579-9

Bundesministerium der Justiz und für Verbraucherschutz, *Verordnung über die Zulassung von Zusatzstoffen zu Lebensmitteln zu technologischen Zwecken* (Zusatzstoff-Zulassungsverordnung) (Berlin, Deutschland, ausgefertigt 29. Januar 1998, zuletzt geändert 21. Mai 2012)

E. Bünning, I. Moser, Influence of valinomycin on circadian lead movements of phaseolus. Proc. Natl. Acad. Sci. U S A. **69**(9), 2733 (1972)

R. Bunsen, R. Kirchhoff, Chemische Analyse durch Spectralbeobachtungen, Annalen der Phys. Chem. **189**(7), 337–381 (1861)

J.M. Cabrera et al., Temperature effects in proton exchanged LiNbO3 waveguides. Appl. Phys. **79**(7), 845–849 (2004)

J. Cade, Lithium salts in the treatment of psychotic excitement. Med. J. Aust. **36**, 349–352 (1949)

A.G.W. Cameron, Abundances of the elements in the solar system. Space Sci. Rev. **15**, 121–146 (1970)

K. Cammann, *Instrumentelle analytische Chemie* (Spektrum Verlag, Heidelberg, 2001), S. 4–60, ISBN 3-8274-0057-0

D.H. Carney et al., Phosphoinositides in mitogenesis: neomycin inhibits thrombin-stimulated phosphoinositide turnover and initiation of cell proliferation. Cell. **42**(2), 479–488 (1985)

F. Conny, Kalium, 2015, CC BY-SA 3.0

G.C. Curhan et al., Comparison of dietary calcium with supplemental calcium and other nutrients as factors affecting the risk for kidney stones in women. Ann. Intern. Med. **126**(7), 497–504 (1997)

P. Deetjen et al., *Physiologie* (Elsevier, München, 2005)

S.K. Dennis, Foto “Lithium”, 2007

Deutsche Gesellschaft für Ernährung e. V., *Referenzwerte für die Nährstoffzufuhr* (Bonn, Deutschland), https://www.dge.de/wissenschaft/referenzwerte/. Zugegriffen: 15. Sept. 2015

R.E. Dickerson et al., *Prinzipien der Chemie* (De Gruyter Verlag, Berlin, 1988), S. 976, ISBN 9783110099690

Dnn87/M. Manske, Foto “Natrium”, 2007a, CC BY-SA 3.0

Dnn87/M. Manske, Foto “Rubidium”, 2007b, CC BY-SA 3.0

B. Dumé, *Hydrogen-7 Makes its Debut*, Physicsworld.com (IOP Publishing, Bristol, Vereinigtes Königreich, 7 März 2003). Zugegriffen: 5. Sept. 2013

J.L. Dye, Recent developments in the synthesis of alkalides and electrides. J. Phys. Chem. **88**, 3842–3846 (1984)

J.L. Dye et al., Alkali-metal-anion dimers and chains in alkalide structures. J. Am. Chem. Soc. **111**, 5707–5708 (1989)

J.L. Dye et al., The structures of alkalides and electrides. III. Structure of potassium cryptand [2.2.2] natride, Acta Cryst. **C46**, 1833–1835 (1990)

J.L. Dye et al., Complexation of the cations of six alkalides and an electride by mixed crown ethers. J. Am. Chem. Soc. **115**, 9542–9546 (1993)

J.L. Dye et al., Crystalline salts of Na^- and K^- (Alkalides) that are stable at room temperature. J. Am. Chem. Soc. **121**, 10666–10667 (1999)

J.L. Dye et al., Barium azacryptand sodide, the first alkalide with an alkaline earth cation, also contains a novel dimer, $(Na_2)^{2-}$. J. Am. Chem. Soc. **125**, 2259–2263 (2003)

J.L. Dye et al., One-dimensional zigzag chains of Cs^-. J. Phys. Chem. B. **110**, 12293–12301 (2006)

H. Eichlseder, M. Klell, *Wasserstoff in der Fahrzeugtechnik* (Vieweg, Wiesbaden und Teubner Verlag, Frankfurt a. M., 2010), ISBN 978-3-8348-0478-5

P. Elliott, I. Brown (2006) Sodium intakes around the world. Background document prepared for the forum and technical meeting on reducing salt intake in populations (5–7. Oktober 2006)

C. Elschenbroich, *Organometallchemie*, 5. Aufl. (Teubner Verlag, Leipzig, 2005)

H. Erdmann, *Lehrbuch der Anorganischen Chemie* (Verlag F. Vieweg und Sohn, Braunschweig, 1900), S. 300

J. Falbe, M. Regitz, *RÖMPP Lexikon Chemie*, 1996–1999, Bd. 3: H-L, 10. Aufl. (Thieme Verlag, Stuttgart, 2000), S. 2055, ISBN 3-13-734810-2

T. Flessner, S. Doye, Cesium carbonate: a powerful inorganic base in organic synthesis. J. Prakt. Chem. **341**(2), 186–190 (1999)

M. de Forcrand, Sur les hydrates des fluorures de rubidium et de caesium. Compt. Rend. Hebd. **152**, 1208 (1911)

L. Frassetto et al., Effect of age on blood acid-base composition in adult humans: role of age-related renal functional decline. Am. J. Physiol. **271**(6, Pt. 2), F1114–1122 (1996)

L. Frassetto et al., Potassium bicarbonate reduces urinary nitrogen excretion in postmenopausal women. J. Clin. Endocrinol. Metab. **82**(1), 254–259 (1997)

L. Frassetto et al., Estimation of net endogenous noncarbonic acid production in humans from diet potassium and protein contents. Am. J. Clin. Nutr. **68**(3), 576–583 (1998)

L. Frassetto et al., Diet, evolution and aging – the pathophysiologic effects of the post-agricultural inversion of the potassium-to-sodium and base-to-chloride ratios in the human diet. Eur. J. Nutrit. **40**(5), 200–213 (2001)

V. Ganesan, K.S. Girirajan, Lattice parameter and thermal expansion of CsCl and CsBr by x-ray powder diffraction. I. Thermal expansion of CsCl from room temperature to 90 K. Pramana – J. Phys. **27**, 472 (1986)

T. Hafen, F. Wollnik, Effect of lithium carbonate on activity level and circadian period in different strains of rats. Pharmacol. Biochem. Behav. **49**, 975–983 (1994)

M. Harrington, K.D. Cashman, High salt intake appears to increase bone resorption in postmenopausal women but high potassium intake ameliorates this adverse effect. Nutr. Rev. **61**(5 Pt. 1), 179–183 (2003)

J. Hartmann-Schreier, in: *Römpp Online*. Wasserstoff (Georg Thieme Verlag, Stuttgart, Deutschland, zuletzt aktualisiert Mai 2004). Zugegriffen: 2. Jan. 2015

J. Hartmann-Schreier, in: *Römpp Online*. Cäsium 137, Cäsium 134 (Georg Thieme Verlag, Stuttgart, Deutschland, zuletzt aktualisiert März 2006). Zugegriffen: 25. Sept. 2015

J. Heyrovský, J. Kůta, *Grundlagen der Polarographie* (Akademie-Verlag, Ost-Berlin, 1965), S. 515

T. Hirvonen et al., Nutrient intake and use of beverages and the risk of kidney stones among male smokers. Am. J. Epidemiol. **150**(2), 187–194 (1999)

R. Hoer, Wasserstoff marsch! (Informationsdienst Wissenschaft, Gesellschaft Deutscher Chemiker, Pressemitteilung vom 28. September 2011, www.idw-online.de, 28. September 2011). Zugegriffen: 6. Sept. 2015

A.F. Holleman, E. Wiberg, N. Wiberg, *Lehrbuch der Anorganischen Chemie*, 101. Aufl. (De Gruyter Verlag, Berlin, 1995), S. 1170, ISBN 3-11-012641-9

A.F. Holleman, E. Wiberg, N. Wiberg, *Lehrbuch der Anorganischen Chemie*, 102. Aufl. (De Gruyter Verlag, Berlin, 2007a), S. 1285, ISBN 978-3-11-017770-1

A.F. Holleman, E. Wiberg, N. Wiberg, *Lehrbuch der Anorganischen Chemie*, 102. Aufl. (De Gruyter Verlag, Berlin, 2007b), S. 1263, ISBN 978-3-11-017770-1

A.F. Holleman, E. Wiberg, N. Wiberg, *Lehrbuch der Anorganischen Chemie*, 102. Aufl. (De Gruyter Verlag, Berlin, 2007c), S. 1274, ISBN 978-3-11-017770-1

A.F. Holleman, E. Wiberg, N. Wiberg, *Lehrbuch der Anorganischen Chemie*, 102. Aufl. (De Gruyter Verlag, Berlin, 2007d), ISBN 978-3-11-017770-1

R. Hsu et al., Synchrotron X-ray Studies of $LiNbO_3$ and $LiTaO_3$. Acta Crystallogr. Sect. B Struct. Sci. **53**(3), 420–428 (1997)

E.K. Hyde, *The Radiochemistry of Francium* (National Academies Press, Washington D. C., 1960), S. 3

A. Illy, R. Viani, *Espresso Coffee: The Science of Quality* (Elsevier Academic Press, Amsterdam, 2005), S. 150

Images of Elements, Foto "Rubidium", 2014, CC BY-SA 3.0

G. Israelian et al., Enhanced lithium depletion in Sun-like stars with orbiting planets. Nature. **462**, 189–191 (2009)

B. Jaskula, *Lithium, United States Geological Survey 2015, Mineral Commodity Summaries*, (U. S. Department of the Interior, Washington D. C., 2015)

G.A. Jeffrey, *An Introduction to Hydrogen Bonding* (Oxford University Press, Oxford, 1997), ISBN 978-0-19-509549-4

S. Jehle et al., Partial neutralization of the acidogenic western diet with potassium citrate increases bone mass in postmenopausal women with osteopenia. J. Am. Soc. Nephrol. **17**, 3213–3222 (2006)

K. Jordi, T. Henzen, Verteilung von Jodtabletten: Eine vorsorgliche Schutzmaßnahme, www.kaliumiodid.ch, Geschäftsstelle Kaliumiodid-Versorgung, ATAG Wirtschaftsorganisationen AG, Bern, Schweiz, 2015)

K.P. Jungmann, *Past, Present and Future of Muonium* (Proceedings of the Memorial Symposium in honor of Vernon Willard Hughes, Yale, 2003)

W. Kaim, B. Schwederski, *Bioanorganische Chemie*, 4. Aufl. (Teubner Verlag, Wiesbaden, 2005), ISBN 3-519-33505-0

K + S Kali, ESTA®-Verfahren. http://www.kali-gmbh.com/dede/company/authority/processing/esta.html (K + S Kali GmbH, Kassel, 2015)

T. Kessler, A. Hesse, Cross-over study of the influence of bicarbonate-rich mineral water on urinary composition in comparison with sodium potassium citrate in healthy male subjects. Br. J. Nutr. **84**(6), 865–871 (2000)

K.T. Khaw, E. Barrett-Connor, Dietary potassium and blood pressure in a population. Am. J. Clin. Nutr. **39**(6), 963–968 (1984)

E.-C. Koch, Special materials in pyrotechnics, part ii: application of căsium and rubidium compounds in pyrotechnics. J. Pyrotech. **15**, 9–24 (2002)

M. Krachler, G.H.s Wirnsberger, Long-term changes of plasma trace element concentrations in chronic hemodialysis patients. Blood Purif. **18**(2), 138–143 (2000)

D.L. Kraus, A.W. Petrocelli, The thermal decomposition of rubidium superoxide. J. Phys. Chem. **66**(7), 1225–1227 (1962)

G.G. Krishna, Effect of potassium intake on blood pressure. J. Am. Soc. Nephrol. **1**(1), 43–52 (1990)

M.G. Krukemeyer, W. Wagner, *Strahlenmedizin: Ein Leitfaden für den Praktiker* (De Gruyter Verlag, Berlin, 2004), S. 133, ISBN 3-11-018090-1

P. Kuad et al., Complexation of Cs +, K + and Na + by norbadione a triggered by the release of a strong hydrogen bond: nature and stability of the complexes. Phys. Chem. Chem. Phys. **11**, 10299–10310 (2009)

D. Lal, B. Peters, *Cosmic ray Produced Radioactivity on the Earth* (Handbuch der Physik, Bd. **46/2**, Springer Verlag, Berlin, 1967), S. 551–612

H. Lehnert et al., A neutron powder investigation of the high-temperature structure and phase transition in stoichiometric LiNbO3. Z. Krist. **212**(10), 712–719 (1997)

J. Lemann et al., Potassium administration reduces and potassium deprivation increases urinary calcium excretion in healthy adults. Kidney Int. **39**(5), 973–983 (1991)

J. Lemann, Relationship between urinary calcium and net acid excretion as determined by dietary protein and potassium: a review. Nephron, **81**(Ergänzungsband 1), 1825 (1999)

J.O. Löfken, Neuer Wasserstoffspeicher aus Lithiumnitrid entdeckt, Bild der Wissenschaft Online, 22. November 2002, Konradin Medien, Leinfelden Echterdingen, Deutschland)

C.W. Lohkamp, Near infrared illuminating composition, US 3733223 (The United States as represented by the Secretary of the Navy, USA, veröffentlicht 15. Mai 1973)

H. Macdonald et al., Nutritional associations with bone loss during the menopausal transition: evidence of a beneficial effect of calcium, alcohol, and fruit and vegetable nutrients and of a detrimental effect of fatty acids. Am. J. Clin. Nutr. **79**(1), 155–165 (2004)

W.G. Mallard, P.J. Linstrom, in: *NIST Chemistry WebBook, NIST Standard Reference Database Number 69*, Hydrogen (National Institute of Standards and Technology, Gaithersburg, 2011)

M. Manske, Foto „Cäsium“, 2007, CC BY-SA 3.0

F. Manz et al., Factors affecting renal hydrogen ion excretion capacity in healthy children. Pediatr. Nephrol. **16**(5), 443–445 (2001)

M. Marangella et al., Effects of potassium citrate supplementation on bone metabolism. Calcif. Tissue Int. **74**, 3350–3355 (2004)

P.E. Mason et al., Coulomb explosion during the early stages of the reaction of alkali metals with water. Nat. Chem. **7**(3), 250–254 (2015)

L.K. Massey, Dietary animal and plant protein and human bone health: a whole foods approach. J. Nutr. **133**(3), 862S–865S (2003)

Materialscientist/S.K. Dennis, Foto „Kalium“, 2015, CC BY 1.0

Max Rubner-Institut, *Nationale Verzehrsstudie II. Ergebnisbericht Teil 2. Die bundesweite Befragung zur Ernährung von Jugendlichen und Erwachsenen* (Bundesforschungsinstitut für Ernährung und Lebensmittel, Karlsruhe, 2007)

S.M.J. McBride et al., Pharmacological and genetic reversal of age-dependent cognitive deficits attributable to decreased Presenilin function. J. Neurosci. **30**(28), 9510–9522 (2010)

J.W. Mellor, *A Comprehensive Treatise on Inorganic and Theoretical Chemistry* (Longmans & Green, London, 1963)

K. Mengel, *Ernährung und Stoffwechsel der Pflanze*, 7. Aufl. (Fischer Verlag, Jena, 1991a), S. 335–346, ISBN 3-334-00310-8

K. Mengel, *Ernährung und Stoffwechsel der Pflanze*, 7. Aufl. (Gustav Fischer Verlag, Jena, 1991b), S. 347–349, ISBN 3-334-00310-8

G.W.A. Milne, *Gardner's Commercially Important Chemicals: Synonyms, Trade Names, and Properties* (Wiley, New York, 2005), S. 122, ISBN 978047173518-2

S.H. Mohr et al., Lithium resources and production: critical assessment and global projections. Minerals. **2**(3), 65–84 (2012)

H. Moissan, Préparation et propriétés des hydrures de rubidium et de césium. Compt. Rend. Hebd. **136**, 587 (1903)

H.-H. Moretto et al., *Industrielle Anorganische Chemie* (Wiley, Weinheim, 2013), ISBN 978-3-527-64958-7

R.C. Morris et al., Differing effects of supplemental KCl and KHCO3: pathophysiological and clinical implications. Semin. Nephrol. **19**(5), 487–493 (1999)

W. Müller-Esterl, Biochemie, Eine Einführung für Mediziner und Naturwissenschaftler, 4. Aufl. (Springer, Heidelberg, 2010)

W.J. Nellis, *Metallischer Wasserstoff* (Spektrum.de, Spektrum der Wissenschaft Verlagsgesellschaft mbH, Heidelberg, 2000)

O.-A. Neumüller, *Römpps Chemie Lexikon*, 8. Aufl. (Franck'sche Verlagsbuchhandlung, Stuttgart, 1983), S. 2386–2387, ISBN 3-440-04513-7

S.A. New et al., Lower estimates of net endogenous non-carbonic acid production are positively associated with indexes of bone health in premenopausal and perimenopausal women. Am. J. Clin. Nutr. 79(1), 131–138 (1994)

M. Niemeyer et al., Modulation of the two-pore domain acid-sensitive K + channel TASK-2 (KCNK5) by changes in cell volume. J. Biol. Chem. **276**(46), 43166–43174 (2001)

W. Oppermann, F. Hermanutz, Verfahren zur Herstellung von Celluloseformiaten, Celluloseacetaten, Cellulosepropionaten und Cellulosebutyraten mit Substitutionsgraden von 0,1 bis 0,4 und mit verbesserten Löseeigenschaften und ihre Verwendung zur Herstellung von Celluloseregeneratprodukten, Patent DE19638319 C1, Institut für Textil- und Faserforschung, veröffentlicht 10. Juni 1996

ORF.at, Lithiumabbau in der Zielgeraden, http://kaernten.orf.at/news/stories/2669786/. Zugegriffen: 22. Sept. 2014

P. Patnaik, *Handbook of Inorganic Chemicals* (McGraw-Hill, New York City, 2003), S. 800, ISBN 0-07-049439-8

P.J. Pearce et al., A one-step alternative to the Grignard reaction. J. Chem. Soc. Perkin Trans. **1972**(1), 1655–1660

People's Daily Online, World's largest potash fertilizer project operational in China, http://en.people.cn/90001/90776/90884/6559786.html (Beijing, Volksrepublik China). Zugegriffen: 22. Dez. 2008

F.M. Perelman, *Rubidium and Caesium* (Pergamon Press, Oxford, 1965)
C. Reiners, Prophylaxe strahleninduzierter Schilddrüsenkarzinome bei Kindern nach der Reaktorkatastrophe von Tschernobyl. Nuklearmedizin. **33**, 229–234 (1994)
T. Remer, Influence of diet on acid-base balance. Semin. Dial. **13**(4), 221–226 (2006)
T. Remer, F. Manz, Don't forget the acid base status when studying metabolic and clinical effects of dietary potassium depletion. J. Clin. Endocrinol. Metab. **86**(12), 5996–5997 (2001)
T. Remer et al., Dietary potential renal acid load and renal net acid excretion in healthy, free-living children and adolescents. Am. J. Clin. Nutr. **77**(5), 1255–1260 (2003)
W.E. Roake, The systems CaF_2-LiF and CaF_2-LiF-MgF_2. J. Electrochem. Soc. **104**(11), 661–662 (1957)
F. Rosowski et al., Catalyst for gas phase oxidations, EP 1654061 (BASF AG, Zugegriffen: 10. Mai 2006)
F.M. Sacks et al., Effects on blood pressure of reduced dietary sodium and the Dietary Approaches to Stop Hypertension (DASH) diet. DASH-Sodium Collaborative Research Group. N. Engl. J. Med. **44**(1), 3–10 (2001)
Y. Sayama, The optical theory of the spectral sensitivity of caesium-oxide photocathode. J. Phys. Soc. Japan. **2**(5), 103–107 (1948)
H. Schicha, in: *Medizinische Maßnahmen bei Strahlenunfällen*. Iodblockade der Schilddrüse (Veröffentlichungen der Strahlenschutzkommission, Bd. 27, herausgegeben vom Bundesminister für Umwelt, Naturschutz und Reaktorsicherheit, Gustav Fischer Verlag, Stuttgart, 1994), S. 187–205
J. Schindler et al., *Wasserstoff und Brennstoffzellen. Starke Partner erneuerbarer Energiesysteme* (Deutscher Wasserstoff- und Brennstoffzellenverband e. V., Berlin, 2009)
M. Schou, *Lithiumbehandlung der manisch-depressiven Krankheit* (Thieme Verlag, Stuttgart, 2001), ISBN 3-13-593304-0
G.N. Schrauzer, K.P. Shrestha, Lithium in drinking water and the incidences of crimes, suicides, and arrests related to drug addictions. Biol. Trace Elem. Res. **25**, 105–113 (1990)
K. Schubert, Ein Modell für die Kristallstrukturen der chemischen Elemente. Acta Crystallogr. **B30**, 193–204 (1974)
D.E. Sellmeyer et al., Potassium citrate prevents increased urine calcium excretion and bone resorption induced by a high sodium chloride diet. J. Clin. Endocrinol. Metab. **87**(5), 2008–2012 (2002)
C. Setterberg, Ueber die Darstellung von Rubidium- und Cäsiumverbindungen und über die Gewinnung der Metalle selbst. Justus Liebigs Ann. Chem. **221**(1), 100–116 (1881)
M.R. Shen et al., The KCl cotransporter isoform KCC3 can play an important role in cell growth regulation. Proc. Natl. Acad. Sci. U S A, **98**(25), 14714–14719 (2001)
C.-C. Shieh et al., Potassium channels: molecular defects, diseases, and therapeutic opportunities. Pharmacol. Rev. **52**(4), 557–594 (2000)
A. Siani et al., Controlled trial of long term oral potassium supplements in patients with mild hypertension. Br. Med. J. (Clin. Res. Ed.). **294**(6585), 1453–1456 (1987)
H. Sicius, *Halogene: Elemente der 7. Hauptgruppe. Eine Reise durch das Periodensystem* (Springer, Heidelberg, 2015a)
H. Sicius, *Chalkogene: Elemente der 6. Hauptgruppe. Eine Reise durch das Periodensystem* (Springer, Heidelberg, 2015b)
H. Sicius, *Pnictogene: Elemente der 5. Hauptgruppe. Eine Reise durch das Periodensystem* (Springer, Heidelberg, 2015c)

H. Sicius, *Kohlenstoffgruppe: Elemente der 4. Hauptgruppe. Eine Reise durch das Periodensystem* (Springer, Heidelberg, 2015d)

H. Sicius, Foto „Lithium“ (2015a)

H. Sicius, Foto „Natrium“ (2015b)

H. Sicius, Foto „Caesum“ (2015c)

P. Sitte et al., *Strasburger. Lehrbuch der Botanik*, 35. Aufl. (Spektrum Akademischer Verlag, Heidelberg, 2002), ISBN 3-8274-1010-X

H. Sitzmann, in: *Römpp Online*. Gold (Georg Thieme Verlag, Stuttgart, zuletzt aktualisiert Januar 2011). Zugegriffen: 25. Sept. 2015

Spektrum Akademischer Verlag, Rubidium, http://www.spektrum.de/periodensystem/rubidium/615222, Springer Verlag, Heidelberg, 1998)

Spiegel Online, Deutsche Energieversorger kaufen 137 Millionen Jod-Pillen für Anwohner von Kernkraftwerken (Spiegel online, Zugegriffen: 10. Jan. 2004)

A. Stepken, *Wasserstoff – so sicher wie Benzin* (Medienforum Deutscher Wasserstofftag, TÜV Süddeutschland, 2003)

P.M. Suter, Potassium and hypertension. Nutr. Rev. **56**(5, Pt 1), 151–153 (1998)

P.M. Suter, The effects of potassium, magnesium, calcium, and fiber on risk of stroke. Nutr. Rev. **57**(3), 84–88 (1999)

P.M. Suter et al., Nutritional factors in the control of blood pressure and hypertension. Nutr. Clin. Care. **5**(1), 9–19 (2002)

J. Tamargo et al., Pharmacology of cardiac potassium channels. Cardiovasc. Res. **62**(1), 9–33 (2004)

R.L. Tannen, The influence of potassium on blood pressure. Kidney Int. Suppl. **22**, 242–248 (1987a)

R.L. Tannen, Effect of potassium on renal acidification and acid-base homeostasis. Semin. Nephrol. 7(3), 263–273 (1987b)

L. Tobian, Dietary sodium chloride and potassium have effects on the pathophysiology of hypertension in humans and animals. Am. J. Clin. Nutr. **65**(2nd Suppl.), 606S-611S (1997)

P. Trechow, Lithium – ein Spannungsmacher auf Kreislaufkurs, VDI Nachrichten online, 2011, 3, http://www.ingenieur.de/Themen/Rohstoffe/Lithium-Spannungsmacher-Kreislaufkurs. Zugegriffen: 7. Jan. 2011

C.A. Tuck, Cesium, Mineral Commodity Summaries (U.S. Geological Survey, U. S. Department of the Interior, 2015)

United Nations, UNSCEAR 2008 Report. Sources and effects of ionizing radiation, Bd. 2, Annex D – Health effects due to radiation from the Chernobyl accident (New York, USA, 2011)

M.P. Unterweger, Half-life measurements at the National Institute of Standards and Technology. Appl. Radiat. Isotopes. **56**, 125–130 (2002)

G.L.C.M. van Rossen, H. van Bleiswijk, Über das Zustandsdiagramm der Kalium-Natriumlegierungen. Z. Anorg. Chem. **74**, 152–156 (1912)

A.I. Vogel et al., n-Hexyl fluoride. Org. Synth. **36**, 40 (1956)

M. Volkmer, *Basiswissen Kernenergie* (Hamburgische Elektricitäts-Werke-AG, Hamburg, 1996), S. 52–53, ISBN 3-925986-09-X

W.M. Vollmer et al., New insights into the effects on blood pressure of diets low in salt and high in fruits and vegetables and low-fat dairy products. Curr. Control Trials Cardiovasc. Med. **2**(2), 71–74 (2001)

K.H. Wedepohl, The composition of the continental crust. Geochim. Cosmochim. Acta. **59**(7), 1217–1232 (1995)

R. Williams et al., A molecular cell biology of lithium. Biochem. Soc. Trans. **32**, 799–802 (2004)

M. Winter, *Chemical Bonding* (Oxford University Press, Oxford, 1994), ISBN 0-19-855694-2

B Woggon, *Behandlung mit Psychopharmaka* (Huber Verlag, Bern, 1998), S. 77–84

K.K. Wong, *Properties of Lithium Niobate* (Emis. Datareviews Series, No. 28, London, Vereinigtes Königreich, 2002), ISBN 0-85296-799-3

World Health Organization, *Global Strategy on Diet, Physical Activity and Health. Population sodium reduction strategies* (Genf, Schweiz, 2007), http://www.who.int/dietphysicalactivity/reducingsalt/en/. Zugegriffen: 15. Sept. 2015

M. Young, G. Ma, Vascular protective effects of potassium. Semin. Nephrol. **19**, 477–486 (1999)

M. Young et al., Determinants of cardiac fibrosis in experimental hypermineralocorticoid states. Am. J. Physiol-Endocrinol. Metab. **269**(4, Pt. 1), E657-E662 (1995)

K. Zarse et al., Low-dose lithium uptake promotes longevity in humans and metazoans. Eur. J. Nutr. **50**(5), 387–389 (2011)

M.B. Zemel, Dietary pattern and hypertension: the DASH study. Dietary approaches to stop hypertension. Nutr. Rev. **55**(8), 303–305 (1997)

K. Ziegler et al., Untersuchungen über alkaliorganische Verbindungen. XI. Der Mechanismus der Polymerisation ungesättigter Kohlenwasserstoffe durch Alkalimetalle und Alkalialkyle. Justus Liebigs Ann. Chem. **511**(1), 13–44 (1934)

Printed in the United States
By Bookmasters